总主编◎刘德海

人文社会科学通识文丛

关于化学的100个故事

100 Stories of Chemistry

林　珊◎著

南京大学出版社

图书在版编目(CIP)数据

关于化学的100个故事 / 林珊著. -- 南京 ：南京大学出版社，2017.10
（人文社会科学通识文丛 / 刘德海主编）
ISBN 978-7-305-19404-7

Ⅰ. ①关… Ⅱ. ①林… Ⅲ. ①化学—青少年读物
Ⅳ. ①O6-49

中国版本图书馆CIP数据核字(2017)第240394号

出版发行 南京大学出版社
社　　址 南京市汉口路22号　　邮　编 210093
出 版 人 金鑫荣

丛 书 名 人文社会科学通识文丛
书　　名 关于化学的100个故事
著　　者 林　珊
责任编辑 范阳阳　江宏娟

照　　排 南京南琳图文制作有限公司
印　　刷 南京玉河印刷厂
开　　本 787×960　1/16　印张 14.75　字数 268千
版　　次 2017年10月第1版　2017年10月第1次印刷
ISBN 978-7-305-19404-7
定　　价 35.00元

网址：http://www.njupco.com
官方微博：http://weibo.com/njupco
官方微信号：njupress
销售咨询热线：(025) 83594756

---

* 版权所有，侵权必究
* 凡购买南大版图书，如有印装质量问题，请与所购图书销售部门联系调换

江苏省哲学社会科学界联合会

《人文社会科学通识文丛》

总 主 编 刘德海

副总主编 汪兴国 徐之顺

执行主编 吴颖文 王月清

编 委 会（以姓氏笔画为序）

王月清 叶南客 朱明辉 刘伯高
刘宗尧 刘德海 许麟秋 杨东升
杨金荣 吴颖文 汪兴国 陈玉林
陈法玉 金鑫荣 赵志鹏 倪郭明
徐之顺 徐向明 徐爱民 潘法强

选题策划 吴颖文 王月清 杨金荣 陈仲丹
倪同林 王 军 刘 洁 葛 蓝

前　言

化学——与人类一起成长的学科

化学的历史有多长？

我想，它应该比人类存在的时间更长，因为在人类起源前，火，这一最古老的化学作用就已经出现了。

火是燃烧现象，用化学名词讲，就是氧化还原反应。简单地说，就是燃烧的物质夺得氧原子，而大气中的氧气失去氧原子的过程。

什么是原子呢？

原子这个概念是英国化学家道尔顿提出的，这位脑袋里充满了鬼点子的科学家甚至都没见过原子长什么样，就洋洋洒洒抛出一篇万言论，说原子长得像个皮球，结果让大家都相信了他的话，口才真是一流。

随后，分子论也出来了，意大利化学家阿伏加德罗发现，光用原子解释物质的组成不够科学，因为那些原子相同却明显不是同一结构的物质该怎么区分呢？

于是他殚精竭虑，提出了分子论，又屡次上书学术界，可悲的是，一直到他去世，始终没人理会他。

可怜的阿伏伽德罗，在他死后的第四年，化学界才承认了他的分子理论。

分子长什么样？

这个没有统一的标准，总之就是由不同数目的原子团聚在一起的物质。

其实化学这门学科，要往微观上讲，还能细分出很多课题，比如原子虽然是化学元素的最小物质，但它也能被分为原子核和电子，再往细分，又到质子和中子了，总之是子子孙孙无穷尽也。

这里又讲到元素了，元素是什么东西呢？

它是由英国化学家波义耳提出的概念，被当成组成一切物质的最基本要素。

当然，波义耳并不是第一个提出元素的人，事实上，在古希腊，哲人们就提出了四元素论。

古人不懂科学常识，头脑里总会冒出很多奇怪的想法，比如他们会认为天是圆的、地是方的，同样，他们也会认为天地万物是由水、气、火、土四种元素组成的，这就是西方的四元素论。

在古代中国，也有类似的学说，不过不是四元素，而是五行——金、木、水、火、土。

此外，古人对炼金术也特别热衷，而中国的古人还另添了一项需求——长生不老，所以他们除了炼金，还要炼丹。

就这样，古朴的元素说加上炼金术和炼丹术，构成了古代化学的基础理论。

直到十五世纪末，一位名叫阿格里科拉的德国化学家站了出来，化学的知识体系才发生了变化。

阿格里科拉喜欢研究矿物，他出版了一本书——《论矿冶》，告诉大家：随便用几块金属是炼不出黄金的！

这无异于将古人点石成金的美梦击得粉碎，那个时候，炼金术士们还满心幻想着让廉价的铜变成黄金，好发大财呢！

到了十八世纪,法国化学家拉瓦锡发现了氧气,这就使得四元素论中的火气说无法立足了。因此,拉瓦锡建立了近代化学的最初理论,被称为近代化学之父。

炼金术和四元素论的破产,宣告了古典化学迈向近代化学的新阶段。

此后,人们不断发现新的元素和化学作用,使得化学体系越来越丰富,最终成为如今我们所见到的化学的模样。

学无止境,化学这门学科需要改进的地方还有很多,比如化学元素周期表上仍有很多元素没有被发现,而这一切,都依赖于人们的共同努力,唯有如此,化学才能为人类的生活带来更多的福利和贡献。

自序

化学是艺术

几年前，我看了一部名叫《绝命毒师》的美国电视剧，在第一集中，我就笑了，男二号居然把化学称为艺术。

后来，这部剧在艾美奖上大获好评，还两度摘得最佳剧情奖的桂冠，不得不说，这就是电视剧的魅力，它艺术性地扩大了日常生活，令平淡无奇的事物呈现出勾魂摄魄的效果。

但是，若说化学是一门艺术，又何尝不是呢？

化学与生命的起源、发展密不可分，甚至连宇宙的组成也与化学有不可分割的关系。地球上一个个姿态迥异、性格鲜明的生命的呈现，本就是艺术啊！

我是喜欢文学的理科生，对化学当然是兴趣盎然。

犹记当年的一次化学考试，那道附加题超难，连班上成绩最好的同学都没有回答出来，我却将答案写了出来，结果老师在课堂上点名表扬我，那一刻，我的得意之情简直无法用言语来形容。

现在想来，可能正是因为化学的艺术性，才能如此吸引我这样一个感性的人吧！

说句自豪的话，学生时代，我在写化学方程式时几乎未出过错，两种物质在进行化合作用时，应该生成什么物质，我总是了然于心。其实除了自豪，我当时还充满着好奇，觉得简单的一个实验，居然能生成这么多不同的物质，真是神奇！

这就是化学的艺术性，它让已有的物质消失，让全新的物质被生成，就如同变魔术一样，让人乐在其中。

我的化学老师也是一个有趣的人，她特别喜欢在课堂上做一些小实验，而且还不惧怕危险性。

比如有一次，她提取纯净的氢气，将其导入细长的试管中，然后拿来一个小塑料瓶，故作神秘地对我们说："我要变魔术了！"

如果她再晚几年做这个实验，大概会说："见证奇迹的时刻到了！"

她将试管塞入塑料瓶口，然后擦亮一根火柴，迅速凑到试管口。

接下来，我们就听到一声响亮的爆炸声，瓶子被气流炸出去很远，大家则一致发出惊呼声。

从那堂课起，我才发现，原来非常艺术的化学也是很危险的。

进入大学，我选择了化学系，有时候会听到曾经的同窗抱怨化学难学，我的内心总是荡漾起笑意。

也许只有对像我们这类充满好奇的人来说，化学才是世上最美丽的学科吧！

目录

第一章 化学的起源与发展

第二章 各显神通的化学元素

第三章　神秘莫测的化学作用

第四章　曾经沧海的名家轶事

第一章

化学的起源与发展

1 燧人氏取火

世界最古老的化学传说

人类历史上第一个化学事件是什么？

这还得追溯到上古时期，当时一切都处于自然状态，人们茹毛饮血，未利用丝毫人工产物。

忽然有一天，狂风大作，高空厚厚的云层中轰隆作响，电闪雷鸣。

紧接着，一道耀眼的闪电从云层中狰狞地降下，猛地劈到地上一棵孤零零的枯树上，炙热的火苗激烈地碰撞出来，瞬间将树干点燃，让树干变成茫茫荒野中的一根明亮的火炬。

附近洞穴中的原始人很快被这根火炬吸引，他们小心翼翼地接近那团燃烧的东西，却被噼啪的木头燃烧声和火焰的高温吓了一跳，有人伸手去触摸火苗，结果被烫得哇哇直叫。

后来，不知是谁正好身上带了肉，而巧合的是，那块肉在人们靠近火的时候滚到了火边。

火苗贪婪地吮吸着生肉上的油脂，顿时，一股奇异的香味在沾着青草气息的空气中弥漫开来，让火焰周边的原始人垂涎欲滴。

就这样，人们发现了火的用途，可以让生冷的食物变得可口卫生，减少了疾病发生的概率。同时，人们还欣喜地发现，火能驱赶野兽。

可是，火实在太难得了！

最开始，人们只能在雷电天气才能有幸得到火，可是谁也不能保证每次树木都会遭雷劈，尽管这种概率比某个人遭雷劈要大很多。

原始人只好采用日夜看守的方法保存火种，他们实行轮班制，一旦发现火焰有熄灭的迹象，就赶紧添加木柴，让火继续燃烧下去。

可惜，就算大费周章，“熄火”事件也仍会不时地发生。

人们大为头痛，其中就包括一个名叫允婼的男人，此人体格健壮、容貌英俊，否则也不会生出女娲这样的美女。

允婼是何许人也？

主角档案

伏羲是中华民族人文始祖，也是中国古籍中记载的最早的王。

姓名：允婼。

性别：男。

别名：燧皇。

血型：根据性格分析，很可能是O型。

星座：未知。

居住地：燧明国（今河南商丘）。

妻子：华胥氏，据说华胥氏踩雷神脚印而孕，生伏羲……

儿子：伏羲。

女儿：女娲。

最喜欢的食物：烤肉。

最喜欢的运动：钻木头。

最讨厌的话：削尖了脑袋往门里挤。

地位：天、地、人三皇之首。

贡献：钻木取火第一人，开辟华夏文明，使商丘成为华夏文明的发源地。

允婼决心要为人类找到生火的途径，于是他踏上一条坎坷之路。

皇天不负苦心人，有一天，他来到一个神奇的地方，这个地方之所以神奇，是因为那里长有一棵参天大树，树冠如此之大，以至于阳光完全被挡住了，树下一片黑暗。

好在茂密的树冠下不时地闪耀着一些迷人的火光，尽管火光只燃烧了一会儿就消失了，但如果允婼用一根木棍接住那些微弱的火苗，他便能惊喜地看到旺盛的火焰在木棍的顶端燃烧起来。

这棵树为什么会被如此之多的火光包围呢？

允婼陷入了沉思。

"笃笃笃……"这时，一阵有规律的敲击声传入允婼的耳中，他连忙抬头望去，发现树干上站着一只捕虫的大鸟，这种大鸟生有橘红色的喙，可以啄开树干找到虫子。

奇妙的事情发生了！

随着大鸟的每一次敲击，树干都会迸发出一丝火星，而这正是允婼千方百计想寻找的火苗。

允婼灵机一动，找来一根尖树枝，然后在树干上钻起来。他钻了很长时间，终于一颗小小的火星迸发出来，掉落在草地上，人工取火就这样诞生了！

取火之所以是化学史上的重要事件，是因为它说明了一个重要的化学反应——燃烧。

燃烧的本质是氧化还原反应，是火中的物质迅速氧化，从而产生大量光和热的过程。

被氧化的食物往往是一种全新的物质，比如稻米中的蛋白质会在蒸煮过程中性质发生变化，而这种变性几乎是不可逆转的。而肉类在加热过程中，肌肉中的蛋白也会发生变性，使得肌肉更紧密，所以我们才会发现熟肉会比生肉更密实。另外，肌肉中的亚铁离子因被氧化成了三价铁离子，所以肉在熟了之后就变成了褐色。

值得注意的是，判断物质是否发生化学变化，要看是否有新物质生成，有新物质生成则属于化学变化，没有则是物理变化；化学变化常伴随着发光、放热等现象，但是有发光、放热的变化却未必一定是化学变化。

小知识

离子——整容后的原子

定义：原子由于自身或外界作用而得到或失去一个或数个电子的稳定结构，可谓是整容后的原子。

地位：与分子、原子一样，是构成物质的基本粒子。

化学反应：金属元素原子的最外层电子丧失，非金属元素的最外层则得到这些电子，但无论得到或是失去，这些原子都已带上电荷，成为离子。失去电子的原子带正电荷，叫阳离子；得到电子的原子带负电荷，叫阴离子。阴阳离子结合，形成不带电性的化合物。

2 五行学说
中国古典化学的基础理论

公元前五一〇年，鲁国大臣季平子篡位，将鲁昭公赶出鲁国，可怜昭公一生活不能自理，二没有食物，很快在流亡过程中一命呜呼了。

消息传开后，晋国的大臣赵简子特别气愤，叫嚷着说："岂有此理！一个臣子，怎么可以如此对待自己的君王！"

"非也！非也！"坐在一旁的蔡墨轻飘飘地抛出一句，"你又不能保证每个人都一样。"

赵简子无故被反驳了一通，暗自生气，赶紧换个方式来表达自己的主张："鲁国的百姓见国君离世，居然一点反应也没有，相反逆臣上位，平民却热烈欢迎，真是一帮愚民！"

"非也！非也！"蔡墨又摇头否认，让赵简子心火直冒。

眼看着自己的尖锐观点就像一拳砸在棉花上，使不出力，赵简子再也压抑不住自己，他气得吹胡子瞪眼，怪叫道："你为什么总跟我作对！"

岂料蔡墨又是一通摇头晃脑，批判道："非也！非也！我不过是想告诉你，任何局面的存在都有其原因。"

"什么原因！"赵简子暴跳如雷，声音大得可以吓死一头牛。

蔡墨依旧不紧不慢地说："季氏勤奋爱民，为百姓谋了不少福利，当然会受到百姓的拥戴；相反，鲁昭公贪图享乐，不管百姓死活，百姓们自然不希望鲁昭公重掌王权。"

一心沉浸在世袭制中的赵简子没想到蔡墨会抛出这番理论，一时半会儿竟无法辩驳，只得结结巴巴地说："似乎是你说的这样……"

其实，蔡墨说的道理便是简单的唯物辩证法，他在早年学习《易经》的时候就已参透事物具有两面性的道理，并将其概括为八卦中的阴阳理论。

一阴一阳，便是万物的平衡之道。

蔡墨认为，万物由金、木、水、火、土组成，可是这五样东西该用什么词语概括呢？

他苦思冥想，忽见微风拂过，树木上的叶子飘动起来，火焰也随之变成跳跃的精灵，而水流也流淌得更加欢愉了，便灵机一动，将金、木、水、火、土取名为五行，即五种物质的运动。

同时，五行必须相生相克，方能达到阴阳平衡，于是他又总结出如下法则：

◎五行相生论：
金生水：水从岩石（金属）中流出。
水生木：水孕育了树木。
木生火：木头是火的助燃材料。
火生土：物体被烧后成为灰烬，化为泥土。
土生金：金属藏在土壤中。

◎五行相克论：
金克木：金属制斧头可砍树。
木克土：树木吸收土壤中的养分。
土克水：土能抗洪。
水克火：水能熄灭火焰。
火克金：火能熔化金属。

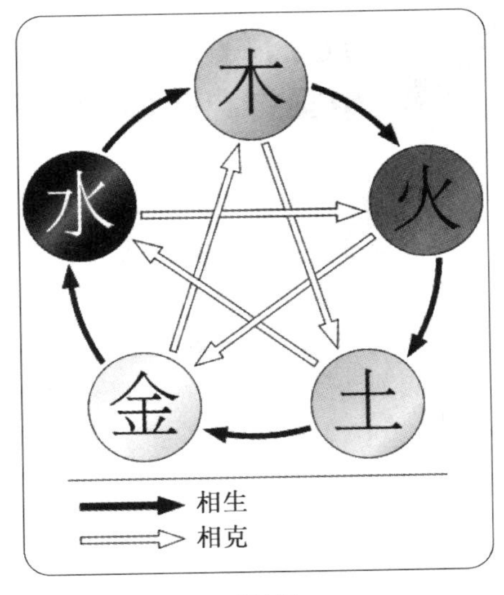

五行图

《五帝》曰："天有五行，水火金木土，分时化育，以成万物。其神谓之五帝。"

《春秋左传·昭公二十五年》又曰："则天之明，因地之性，生其六气，用其五行，气为五味，发为五色，章为五声。"

这就是中国古人的五行论。

中国的祖先们认为，金、木、水、火、土这五种元素是构成万物的基础，简易概括，就是五行，这应该是世界上最早的化学理论了。

但是，五行并非指代具体的事物，比如人们经常认为的金指金属、木指木头……它指的是五种属性，而属性则可具象为各种物体，如五种状态、五种行为、五种气体、五种色彩……

小知识

五帝——镇守五行的神明

五帝是中国上古时期的五位皇帝，分别代表五行中不同的属性，且代表不同的颜色：

青帝太昊——木属性，赤帝神农氏——火属性，黄帝轩辕氏——土属性，白帝少昊——金属性，黑帝颛顼——水属性。

3 总统发迹的第一桶金

炼金术发展史

很多人都有过艰苦的出差岁月，远离家人、没有朋友，这种日子可真不好受。

然而有一个人，他不仅战胜了孤独，还在出差的时候挖掘到了第一桶金，为日后的成功奠定了基础，可谓天才。

这个人就是美国第三十一任总统胡佛。

二十四岁那年，刚大学毕业的胡佛被派往中国煤矿打工，当时有很多老外来中国捞金，而且似乎都混得不错，胡佛觉得自己或许也能咸鱼翻身、一夜暴富。

事实证明，拥有商业头脑和高新技术的他果然没有失望。

来中国一段时间后，胡佛发现金矿的开采水平实在太低了，人们透过简单的筛金法滤得黄金后，就将矿石当废品扔掉，丝毫没有想过那些矿石中是否还有黄金。

看到这些，胡佛暗自高兴，觉得发迹致富的机会来了！

凭借自身扎实的矿业知识，胡佛用化学试剂开始废物回收的试验。

他先配置氰化钠的稀溶液，然后将矿砂与溶液发生反应。

实验结果验证了他的猜测，那些金元素真的开始溶解了！

接着，胡佛又在溶液中放入锌粒，采用置换反应提取金，经过反复试验，一个个纯净的黄金颗粒终于被他提取了出来。

尝到甜头的胡佛想大干一场，他知道单凭自己一个人是提取不了大量黄金的，于是就雇了人，开始大规模地提炼黄金。

胡佛用化学法提取的黄金成色很好，加上数量又大，没过多久，他就成了百万富翁。

后来，胡佛开设了跨国公司，接着又竞选总统，所砸出的钱财都来自于他早年炼金的财富所得。所以，人们就打趣道：胡佛的总统宝座是用黄金砌起来的！

胡佛发迹的手法在化学上有一个专业术语：炼金术。在近代以前，炼金术一直是人们孜孜以求的求富方法，人们为此做了无数实验，并阐述了大量理论，可惜无一例外以失败告终。

炼金术起源于埃及的潘诺波利斯，并由一个叫佐西默斯的炼金术士发扬光大。

后来，阿拉伯人从埃及人那里继承了炼金理论，也开始狂热地发起提炼黄金的运动。

炼金术的萌芽时期是公元一至五世纪，当时西方的炼金术士认为只要手上有一块金属，不管它材质如何，经过炼金，都能变成金光闪耀的黄金，这想法让人想起一个成语——点石成金。

炼金术士

就在这一时期，中国的术士们也踊跃加入到炼金的行业中，不过他们同时追求长生不老，所以他们的名号为炼丹师。

是到了十二世纪，炼金术这个专业名词才被人们第一次口头相传，当时很多欧洲王室都狂热地崇拜这一运动，而布拉格还被称为“炼金术的中心”，神圣罗马帝国的皇帝更赐封炼金术士为伯爵。

不过炼金术的一再失败，终于让人们开始清醒，十七世纪以后，这项运动遭到科学家的批判。到十九世纪，终于有科学证据证明古法炼金术的不切实际，至此，炼金术被彻底否定。

小知识

炼金术之最

最早的炼金术士：希腊僧侣佐西默斯。

最权威的炼金术士：希腊神祇赫尔墨斯。

最早写出炼金著作的人：希腊哲学家德谟克利特。

最早炼金的皇帝：中国的秦始皇。

最受宠的炼金术士：英国占星师约翰·迪伊，他也是“007”的原型。

最常用作炼金的金属：铜和铅。

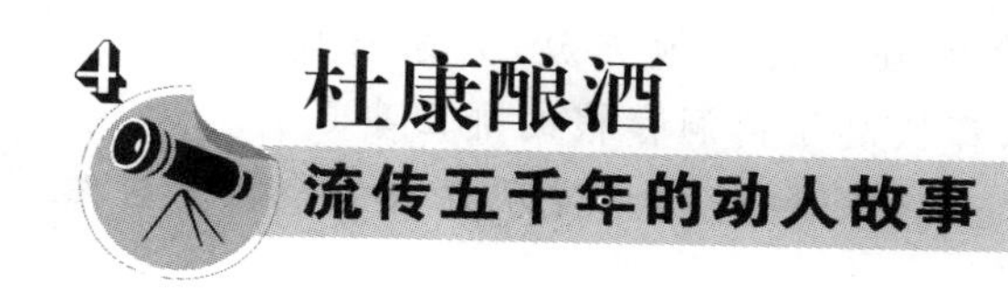

4 杜康酿酒

流传五千年的动人故事

主角档案

姓名：杜康，字仲宁，传说他又叫姒少康。

朝代：夏朝。

出生地：陕西白水县康家卫。

父亲：夏朝第五任国王姒相。

儿子：夏朝第七任国王姒季杼。

成就：中国制酒鼻祖，第一个用谷物酿酒的专家。

名号：酒祖、酒圣、酒仙。

重大事件年表：

公元前二〇〇二年：枭雄寒浞之子寒浇攻入夏朝，杜康之父相自杀，相已怀孕的妃子后缗钻入狗洞，捡回一命。

公元前二〇〇一年：后缗生下遗腹子少康，即杜康。

从以上的简介中，可看出杜康在出生之日起便背负着国仇家恨，可是国家的存亡又跟他酿酒有什么关系呢？

当然有很大关系！

在打败夏朝后，寒浞开始了对华夏四十年的统治，而杜康率领夏朝的残余势力东躲西藏，伺机夺回王位。

要积聚势力，必须储存粮食。杜康最初的想法是把丰收的粮食都存放在山洞里，谁知山洞潮湿，时间一长，百姓和军队需要的粮草全都发霉了，杜康很自责，焦虑得整天都睡不着觉。

有一天，他到远处的山谷里去散心，无意间在长满桑树的溪涧中发现了一块空旷之地，而巧合的是，空地的中央居然还有几棵枯死的大桑树。

杜康用手指轻轻敲击死树的树皮，树干立刻发出空洞的声音，杜康很惊喜，他忽然想到了一个存储粮食的好办法。

于是，他喊来族人，一起将枯树的树干掏空，然后将粮食存放进树洞里，以为如此一来，再也不会发生发霉的事情了。

谁知此后一连几年都风调雨顺，粮食简直多得没地方放，大家看树洞塞不下了，就自备了粮仓存放粮食，渐渐地，大家都快忘了树洞存粮的那回事了。

不过杜康没有忘记，几年后他去山上查看粮食，惊讶地发现存粮的桑树旁居然躺着好几只野生的山羊和兔子。

一开始，他以为是那些动物撞树而死，便又是吃惊又暗自庆幸，觉得这下族人可以打打牙祭了。

没想到，当他走近一只兔子身边，却发现兔子居然还活着，这时兔子恢复了清醒，见有人接近，立刻害怕起来，猛地蹦起，然后一溜烟地逃走了。

这时，其他动物也都摇摇晃晃地站起身，向远处逃去。

杜康大惑不解，便偷偷藏在一棵树后。

没过多久，两只山羊过来了，它们的鼻翼敏感地翕动着，似乎闻到了什么味道。

紧接着，山羊来到一棵桑树的树洞旁，开始舔起了树皮。不一会儿，两只羊就歪歪斜斜地站不稳了，很快倒地不起。

杜康知道这谜底一定在树洞里，便上前细看，只见树洞中一股清冽又芬芳的液体正向外流淌，很明显，就是这股液体让山羊昏睡的。

杜康非常好奇，也舔了舔那液体，顿时，他觉得口中充满馨香，还有股辛辣的滋味，接下来他的脑袋开始沉重起来，竟也一头栽倒在地睡着了。

在昏睡了一个多时辰后，杜康终于醒了，他立刻欣喜不已，因为他知道这种液体是没有毒的，只会令人昏睡。

他立刻用陶罐将液体盛了一些回去，结果大家品尝过之后都说好喝。

杜康欣喜万分，将这种液体命名为“酒”，从此中国人的饮酒史真正开始了。

其实在杜康之前，古人们也能酿造出有酒味的饮料，不过他们的做法和如今人们做的米酒类似，就是用发酵的水果或米饭酿造的汤液，并不能被称为真正意义上的谷物酿酒。

杜康酿酒，其化学作用是运用了发酵的原理，即谷物在酵母等微生物的作用下分解成为简单的有机物或无机物，然后有液体析出，这就是我们所谓的酒。

为了纪念杜康，人们写了不少诗句歌颂他，如曹操的《短歌行》就说：“何以解忧，唯有杜康！”晚唐皮日休又云：“滴滴连有声，空凝杜康语。”足见人们对杜康的尊敬和崇拜。

5 水与火的恩赐

制陶业的兴起

世界各地最早的陶器出土地点：

◎中国：湖南道县玉蟾岩——距今两万一千年。

◎日本：长野县下茂内和鹿儿岛县筒仙山——距今一万五千年。

◎印度：恒河中游——距今一万一千年。

◎西亚：基罗基蒂亚遗址——距今九千年。

◎美洲：美国亚利桑那州——距今五千年。

根据以上资料，我们不难发现，陶器始于东方，或者更准确一点说，可考的最早陶器的发掘地点在东亚。

那么，古人是如何发现制陶材料，又是如何亲手做出一个个简易的陶器的呢？

我们不妨假设一个古人叫小野，他的故事从一个下着滂沱大雨的下午开始说起：

那一天，小野家里没有食物了，结果，可怜的小野被老婆在雨天赶出去打猎。

小野一边不满地抱怨，一边在泥地里蹒跚前进。可是雨实在太大了，他不想冒险去找野兽，就找了个山洞，躺在里面睡了一觉。

没想到这一睡坏事了，他一直睡到天黑才醒过来。

现代陶器

远古人类惧怕黑夜，因为易受到野兽侵袭，小野敲打着脑袋，心想这下糟了，没有捕到猎物，回去肯定要跪石板了！

他站起身，正想回家，忽然感觉脚上像套了个什么东西，硬邦邦的，导致行动不便。

小野连忙借着微弱的月光往脚下查看，这才发现下午脚上踩到的烂泥变硬了，现在正牢牢地套在自己的脚上呢！

小野从小就很机灵，他当即哇哇怪笑了一通，然后找了根树根，开始挖洞口的泥土。

随后，他拿着很多泥土回到了家中。

当家门打开后，老婆见小野半个猎物也没有打回来，非常气愤，不仅大骂不止，还要打他。

小野连忙制止老婆，温柔地劝了半天，大意是："我带回来一些宝贝，我们家不是缺少放食物的东西吗？我现在想到办法了！"

老婆半信半疑，狠狠瞪了丈夫一眼："食物都没有，有盛食物的东西有什么用？"但她好歹放了小野一马。

第二天一早，小野动手做试验，他先将自己挖来的土和上水，使之成为烂泥，然后将烂泥捏成罐状，放到阳光下炙烤。当瓦罐变硬之后，就可以盛放物品了！

奇妙的是，这种泥罐不会碎，能放置很长时间。

后来，其他的原始人也得知了这项技能，就纷纷效仿，也去挖泥做罐，有些人心灵手巧，还在泥罐上刻出美丽的图案，让大家爱不释手。

有一天，小野出去打猎，老婆和儿子在家中生火做饭。

小野老婆忙不过来，就让儿子把泥罐里的肉放到火上烤一烤。

谁知儿子很粗心，居然将泥罐直接放到火上了。

顿时，泥罐冒起黑烟，罐身和火接触的部分也变黑了。

儿子吓得脸色苍白，他知道泥罐是母亲的宝贝，不能轻易弄坏，就赶紧抱着泥罐去河边，想清洗掉上面的黑斑。

不料，原本有点软的泥罐居然变硬了，而且还不怕沾水了。

儿子洗了半天，始终没洗掉脏的部分，只好悻悻地回家等着挨骂。

小野和他老婆得知此事后，并没有生气，他们猜测泥罐要经过火烧才能变坚固，于是就如法炮制，让泥罐在火上烤了很久。

最后，他们欣喜地发现，泥罐真的又结实又耐用，还能盛水，便激动地告诉了大家，于是，陶器就这样被发明了！

其实小野是幸运的，因为他脚踩的烂泥可不是普通的泥土，而是黏土。

顾名思义，黏土有黏性，且含沙粒较少，所以水分不容易通过，就能塑造成各种形状。制作陶器的黏土，一般成分为氧化硅与氧化铝，颜色偏白，而且耐火。

可能很多人不知道，制陶其实是一项化学反应，是将陶瓷坯体中的物质不断地进行迁移，组成更加致密的晶体，同时在烧制过程中，气孔产生了收缩，使得陶瓷更加坚固。

小知识

中国最著名的瓷器

◎**定瓷**：始于晚唐和五代，以烧造白釉瓷器为主，器物主要为盘、碗，其次是梅瓶、枕头、盒子等。

◎**钧瓷**：始于北宋，含铁、铜，呈现出以青、蓝、白为主，兼带红、紫的颜色，其釉面易出现不规则流动状细线，俗称“蚯蚓走泥纹”。

◎**汝瓷**：始于北宋，主要有天青、天蓝、淡粉、粉青、月白色，釉泡大而稀疏，有“寥若晨星”之称。釉面有细小的纹片，被人们称为“蟹爪纹”。

◎**官瓷**：始于北宋，因含铁量极高，所以胎骨颜色会泛黑紫。釉层普遍肥厚，且很少装饰，以天青、粉青、米黄、油灰色为主。

◎**哥瓷**：始于宋朝，为御用瓷器，胎色有黑、深灰、浅灰及土黄多种，釉均为失透的乳浊釉，釉色以灰青为主，造型多以炉、瓶、碗、盘为主。

6 令皇帝欣喜的错误

肥皂的诞生

在肥皂发明以前，古人的清洗用具：

◎最吃力的工具——木棒：常见影视剧中浣衣女在河边用该物捶打衣物，不仅费劲而且去污力不强。

◎最高效的工具——天然碱矿石：可溶于水中，溶液可洗衣，去污力极强。

◎最省钱的工具——草木灰：灶膛里的灰烬泡在水中，让草木灰中的碳酸钾尽情溶解，其溶液也能去污，去污力尚可。

◎最天然的工具——皂荚：皂荚树的果实，泡在水里可用来洗涤，可以使衣物不褪色不缩水，不会失去光泽。

◎最像肥皂的工具——肥珠子：一种植物的种子，被捣烂后加上香料和白面搓成丸，可当肥皂用。

◎最残酷的工具——浮石：古罗马富人独享的发明，每当他们想洗澡，就得花一天时间泡澡，用浮石擦遍全身，往往疼痛难忍。

到了现代社会，谁若不知道肥皂，那他必定像个原始人，可是，有谁知道肥皂是怎么产生的吗？

肥皂诞生于埃及，与埃及著名的法老胡夫有着密切关系。

据说，有一次胡夫大摆筵席，要招待从远方到来的尊贵客人。由于贵客人数众多，厨房里忙得不可开交。

厨师总管心知此次宴会事关重大，因此难免提心吊胆。碰巧他是个喜欢转移压力的人，就不停地在厨房里声色俱厉地训斥众人：“你们给我听好了！不能出半点差错！否则我就要狠狠地惩罚你们！”

胡夫的象牙雕像

结果在总管的怒吼之下，一个刚来不久的小厨师心慌意乱，一脚踩在放油的凳子上，将羊油洒得满地都是。

小厨师吓呆了，由于害怕受罚，他竟像根木头一样地站在原地，除了目瞪口呆之外就没有别的表情了。

其他厨师一见忙中出错，赶紧过来帮忙，大家捧出草木灰盖在羊油上，好让灰烬将油脂吸附干净。

总管正愁找不到机会发泄，此刻顿时借题发挥，把众人大骂了一顿，末了得意洋洋地说："你们等着，我这就去向法老汇报！"

小厨师吓得哭起来，其他人则安慰他，发誓他们将一起向法老求情。

有些厨师将沾满了羊油的草木灰扔到屋外，然后回来洗手。

忽然，有一个人惊叫起来："奇怪！手怎么越洗越干净？"

这时其他人也发现了这个现象，均觉得十分奇怪。

此时法老已派人过来问罪，一个最年长的厨师灵机一动，他拿了一块炭饼，将上面沾满羊油，然后低着头走到法老面前。

正当法老准备斥责老厨师时，后者已经抢先举着炭饼汇报道："尊敬的法老，我们虽然浪费了油，却也因此发现了一种新的清洁工具，就是我手上的东西！我敢保证用这块东西，法老您的手会越洗越干净。"

胡夫有点讶异，便让随从端来一盆水做试验，果然发现自己的手在搓过炭饼之后，再用水洗，真的变干净了。

他顿时转怒为喜，夸奖老厨师做得好，还大大赏赐了那个撞翻羊油的小厨师，让厨师总管气得吹胡子瞪眼。

老厨师手上的炭饼就是世界上的第一块肥皂，而草木灰和羊脂的混合法也流行开来，成为制造肥皂的一个专用方法。

公元七〇年，古罗马的学者普林尼制造出了块状肥皂，这便是现代肥皂的前身，后来英国人也纷纷效仿，在英国的布里斯吐勒城建立起当时世界最大的制皂工厂。

不过这种早期的肥皂并不能消除很顽固的污渍，而且羊脂的成本太大，一般百姓买不起。

其实说到底，肥皂能去污，是因为它的基本组成是碱，所以能促进污渍的分解。

法国化学家卢布兰便想到了一种讨巧的办法：他用电解食盐水的方法制碱，终于得到既低廉去污力又强的肥皂，如此一来，肥皂才真正开始走进千家万户，成为大众消费品之一。

7 获得永生的木乃伊

埃及的防腐技术

木乃伊之最：

◎最古老的木乃伊——冰人“奥茨”，距今五千年，在意大利北部阿尔卑斯山脉被发现。

◎最有名的木乃伊——埃及拉美西斯大帝，他的一缕头发在网上拍卖到了两千六百美元的高价。

◎最年幼的木乃伊——智利与秘鲁海岸线的新克罗渔民部落，他们的儿童和流产胎儿都会被做成木乃伊。

◎最美丽的木乃伊——意大利西西里岛的两岁女婴罗莎莉，她逝世距今已有九十多年，但容貌完美如初，据说当时的医生将福尔马林、锌、酒精、水杨酸和甘油等调成特殊的防腐药物，保全了罗莎莉的容颜。

◎最引科学家关注的木乃伊——十五世纪秘鲁冰冻少女胡安妮塔，她被用于祭祀山神，由于尸体保存完好，为科学家提供了很多有价值的信息。

说到木乃伊，大家都会立刻想到埃及木乃伊，的确，埃及人的木乃伊制作技术是最出色的，其木乃伊数量也是最多的，但从以上的科普可以看出，其实木乃伊并非埃及人的专利。

不过，埃及有个关于木乃伊的神话传说，而从这个故事中也可以窥出埃及人的世界观和人生观。

在希腊神话中，大地之神的儿子奥西里斯是埃及法老，他非常贤明，带领百姓大力发展农业，还教会了人们酿酒、采矿、做面包等技术，获得了民众的一致拥戴，被尊称为尼罗河神。

然而，世上只有一个人对奥西里斯心怀嫉恨，那就是他的弟弟赛特。

赛特想当法老，就千方百计要置哥哥于死地。

有一天，赛特打着庆功的名义邀请哥哥参加晚宴，席间赛特突然派人抬出一个美丽的大箱子，故意对宾客们说：“你们谁能躺进这个箱子里，我就把它送给谁！”

奥西里斯见箱子上刻有丰富多彩的图案，还镶嵌着黄金和宝石，非常喜欢，就踊跃报名：“我来参加！”

说完，他就躺进了箱子里。

说时迟那时快，赛特猛地把箱子关上，并扣上锁，然后命人将箱子扔进了尼罗河。

奥西里斯一命呜呼，他的妻子——雨神伊西斯伤心万分，辗转到各地去寻找箱子。

皇天不负苦心人，箱子终于被伊西斯找到，可是赛特又来使坏，他将哥哥的尸体分割成十四块，往不同的地方扔去。

没想到伊西斯是个特别有毅力的女人，她开始找丈夫的尸体，每找到一块就哭哭啼啼地埋好，最后终于全都找到了。

后来，伊西斯生了个勇猛的儿子荷鲁斯。

荷鲁斯打败了赛特，并将父亲的尸体拼凑在一起，组成了"木乃伊"，此时，天神忽然降临，帮助奥西里斯复活，奥西里斯便成了地狱之神，掌管着死后的世界。埃及人一直都认为人类死后会进入另一个世界，因此对木乃伊的传说深信不疑，所以他们热衷于制作干尸，研究防腐技术。可惜的是，只有法老、达官显贵和一些富商才能享受到"不死之身"的待遇。

奥西里斯

木乃伊制作让古埃及人受益匪浅：

首先，它促成了防腐技术的进步，埃及人制作的木乃伊形象完整，还能保持皮肤的弹性，代表了古埃及化学的先进水平。

其次，它催生了金字塔建筑。埃及人认为，即使人死后复活，也只能在阴间生存，所以需要金字塔这样的地下宫殿为其提供生存空间。

最后，它发展了解剖学。埃及人透过木乃伊才了解到血液循环和心脏的重要性，并能列出四十八种疾病，另外，早在两千五百年前，他们就已懂得实行外科手术。

8 千金难求的高贵紫色

古代染布史

世界染布编年表：

◎公元前六千多年，中国的古人将赤铁矿粉末碾碎，给麻布染色。

◎公元前三千年：古埃及和美索不达米亚人已掌握了染布技术，金字塔墙壁上的红色织染物可说明这点。

◎公元前两千五百年，印度从茜草中提取茜红、从蓝草中提取靛蓝，进行对棉织品的染色。

◎公元前一千多年，中国的西周出现了专门从事染布职业的“染人”。

◎公元前五百五十年希腊创立纺织和染色的作坊。

◎公元一三七一年，欧洲才开始有染布的文献记载。

而埃及，则是世界上首批大规模生产染色布匹的地区。

当时，有一个大富翁懂得历史知识，他从史书上得知，在希腊的克里特岛上住着一个原始部落，部落里的渔民知道怎样提取紫色染料，而在当时的埃及，根本就没有紫色的染布。

富翁自己也非常喜欢紫色，他渴望能穿一件紫色的衣服，来向世人展示自己的富有和高贵，于是他思量再三，决定前往希腊半岛，去寻访那神秘的紫色染料。

在地中海上漂泊了十几天后，富翁终于来到位于地中海北部的克里特岛。他雇了一个翻译到处询问是否有懂得染布的渔民，没想到那个古老的部落早在几百年前就消失了，这让他沮丧到极点。

富翁不甘心，他就在克里特岛的海边徘徊，希望能找到令他满意的线索。

可是几个月过去了，还是一无所获，眼见所带的盘缠也快见了底，富翁压力陡增，整晚整晚地睡不着。

又是一个无眠夜，富翁在曙光乍现的时刻听到渔民们出海捕鱼的声音。

他想，反正也睡不着，就看看人们是怎么捕捞的吧！

于是，他闷闷不乐地穿好衣服，在带着咸味空气中往沙滩上走去。

只见精壮的渔民拿上渔网和鱼叉，开始坐上渔船；勤劳的妇女和孩子则提着篮子，在沙滩上捡拾虾蟹和贝壳。

忽然，富翁看到一个年迈的老妪竟然也在沙滩上捡贝壳，他很同情对方，就跑过去帮忙。

谁知老妪不领情，总是把富翁递过来的贝壳扔掉。

富翁逐渐感到气愤，想一走了之，谁知这时老妪却拉住他，将手心中的一个海螺展示给他看。

富翁仔细一看，发现是一种极小的海螺，颜色似乎是白色，貌似极不起眼。

老妪指着海螺，意思是要富翁帮她找这样的类型，富翁点头，尽量去找老人想要的海螺。当老妪找了一些海螺后，她拉着富翁的衣角，好像要对方去她家做客。富翁盛情难却，跟着老人来到了一个海边的小房子里。

老妪给富翁端茶送水后，就开始了一天的工作。

她将捡来的海螺放入一个石臼，然后用木杵捣起来。

此时太阳初升，灿烂的阳光将每个人的身上都披上了一层七彩的光环，富翁忍不住往老妪的石臼里望去。

顿时，他大吃一惊，原来这些海螺加上水被捣碎后就制成了紫色！

富翁非常高兴，他赶紧拿了一个能提取紫颜料的海螺回国，然后雇人大量寻找这种海螺。

从此，埃及的国内也出现了紫色的染布，但富翁没能因此发财，因为原料实在太稀少了。

不过富翁并没有遗憾，只要能穿上紫色衣服就已经令他很高兴了。

埃及人的印染技术十分发达，他们不仅掌握了天然染色法，还会用矿物染色，印染出来的布匹颜色也非常丰富，让人目不暇接。

在天然染色方面，他们懂得提取茜草中的茜草素作为红色染料，而靛蓝植物则被他们揉碎发酵，提取出靛蓝色素，埃及木乃伊的裹尸布就是用靛蓝染色的。

至于故事中富翁寻找的紫色，则是由海螺分泌物经氧化后而得，被称为“泰尔紫”，古罗马人将其染在自己的袍子上，显示出身份的尊贵。

在矿物染色方面，埃及人很早就会用明矾染布，不过由于明矾掺杂铁元素，往往达不到预期的颜色，聪明的埃及人便采用重结晶的方法净化明矾，从而巧妙地解决了颜色不纯的问题。

9 爱泡温泉的埃及艳后

美容与化学

埃及艳后有多美?

◎二十一岁那年,她诱惑了西泽,并在对方的帮助下成为埃及的实际统治者。

◎二十八岁那年,她又诱惑了西泽的助手、罗马执政官安东尼,此时她已和西泽育有一子。

◎三十二岁那年,已婚的安东尼不顾屋大维反对,与埃及艳后结婚,神魂颠倒的他不断将罗马的征服地送给艳后,并计划将罗马首都迁往埃及的亚历山大里亚,罗马人愤怒不已,认为罗马将要变成埃及的一个行省。

◎埃及人将艳后奉若神明,认为艳后是"影响世界历史的第一个女人"。

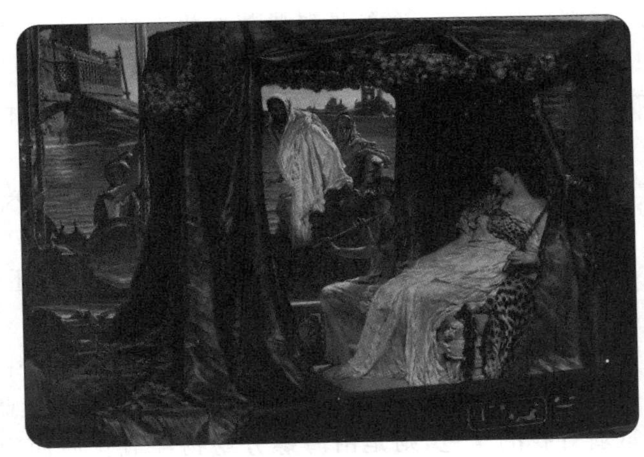

安东尼和克莉奥佩特拉

◎为纪念艳后,一九六三年二十世纪福斯公司投资拍摄了长达四个钟头的影片《埃及艳后》,剧组两度停工,赔了三亿美元,差点让投资公司破产。从此二十世纪福斯公司不敢再拍大片,直到三十年后《铁达尼克号》出现,大片才重现银幕。

埃及艳后的名字叫克莉奥佩特拉,她是古埃及托勒密王朝的最后一个法老。

克莉奥佩特拉是埃及人心中的女神,而全世界的人们也都喜欢她,除了英国人,英国人总是千方百计想证明艳后是个矮胖的老巫婆。

大家之所以喜欢艳后的原因，无外乎一个理由：她是个美女。

没听说过一句话吗？美女总是可以被原谅的，所以即便艳后再风流再玩弄感情，她仍是诗人们心目中的最佳情人。

男人征服世界，女人靠征服男人来征服世界，这或许是对克莉奥佩特拉的真实写照，不过人无千日好，花无百日红，再美的女人也有色衰的一天，那么，克莉奥佩特拉是怎样十年如一日维持自己的绝美风姿的呢？

原来她有个秘密武器，就是在死海边建有一个御用化妆品工厂和一个皇家温泉浴池。

克莉奥佩特拉知道美貌是女人的厉害武器，因此她每天都要去泡温泉，而且一泡就是几个钟头。

埃及人认为死海中的淤泥具有美容养颜的效果，虽然当时没有任何科学根据，克莉奥佩特拉还是照做不误，并坚持了数十年，果然，她的皮肤始终如剥了壳的鸡蛋，吹弹可破。

哪个女人不爱美呢？当埃及艳后红颜不老时，其他埃及女子也艳羡不已。

可惜皇家温泉只能让克莉奥佩特拉一人享有，平民百姓是无权享受的，那众人的需求该怎么满足呢？

聪明的商人立刻想到在城市里开设美容浴室的方法。

果然，标榜媲美埃及艳后美容温泉的浴室一开张，就吸引了无数女性。浴室为女性提供了牛奶、鸡蛋、橄榄油、玫瑰花等多种美容浴汤，让爱美的埃及女性备感容光焕发，因此生意兴隆。

两千多年后，埃及艳后的温泉遗址重见天日，科学家经过研究发现，死海中的淤泥含有氯化钠、氯化钙等二十五种呈游离态存在的珍贵矿物质，高于世界其他地区海泥矿物含量的十倍！

死海的淤泥不仅能医治皮肤病，还能滋润皮肤，难怪埃及艳后如此美丽动人了。

埃及女人非常注重仪容与装扮，她们巧妙运用化学知识，将身体的各个部位装扮得明艳动人：

1. 头发——护发素“汉纳”。

用凤仙花加开水研磨，然后加入红茶、柠檬汁或酸奶，搅拌后使其发酵几个钟头，然后涂抹在头发上，过三个多小时后再洗净。

神奇之处：不仅能护发，还能将头发染成棕红色或黄色。

2. 眼睛——黑色和绿色眼影。

黑色眼影由方铅矿粉末制成，绿色眼影由孔雀石粉末制成。

神奇之处：据说能保护眼睛免受阳光的炙烤。

3. 胭脂和唇彩——红赭石。

用红赭石与脂肪或树脂混合，然后涂抹在皮肤上。

神奇之处：能加速愈合因烧伤而导致的疤痕。

小知识

揭秘世界天然美容温泉

◎依云温泉

地点：法国埃维昂。

简介：全球唯一天然等渗性温泉水，酸碱度几乎为中性，具有保湿效果。

◎Vichy 温泉

地点：法国薇姿。

简介：温泉含钙、镁等十七种矿物质和十三种微量元素，可美容又可治病。

◎巴马六环水

地点：中国广西巴马瑶族自治县。

简介：该地的水为小分子团的六环水，简而言之就是富含矿物质和微量元素，对人体极其有益，长期饮用能使人的皮肤变得水润嫩滑。

◎黑维斯温泉

地点：匈牙利黑维斯温泉城。

简介：湖底黑泥具有多重美容医疗效果，此外这是世界唯一的温泉湖。

◎罗托鲁阿火山温泉

地点：匈牙利。

简介：火山泥浆中的矿物质能紧致皮肤、舒畅毛孔。

10 蔡伦的廉价造纸术

平民百姓的福利

主角档案

姓名：蔡伦，字敬仲。

职位：东汉太监。

优点：聪明，会思考，动手能力强。

缺点：见风转舵、趋炎附势。

成就：改进了造纸术。

荣誉：影响人类历史进程的一百名人之一。

大事年表：

公元七五年，年仅十五岁的蔡伦不幸入宫当了太监。

公元八八年，汉章帝卒，之前蔡伦受窦太后指使将章帝的妃子宋贵人、梁贵人铲除，梁贵人之子刘肇成为窦太后养子，当年登基。

蔡伦

公元九二年，蔡伦造出植物纤维纸。

公元一〇五年，“蔡侯纸”流行全国，蔡伦受到汉和帝赞赏。

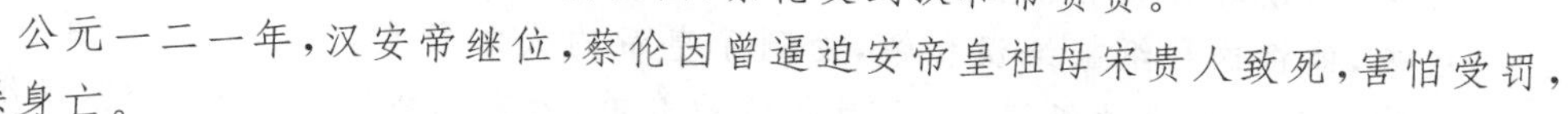

公元一二一年，汉安帝继位，蔡伦因曾逼迫安帝皇祖母宋贵人致死，害怕受罚，自杀身亡。

我们看了这份档案，难免唏嘘。

为什么呢？

因为在蔡伦的身上展现出人性的复杂。

没错，在政治舞台上，蔡伦是个小人，他长袖善舞，看谁权势大就往谁身边爬；可是另一方面，他又是个体恤民情的好官，为了让百姓用上价格低廉的纸，他费尽周章，誓要优化造纸术。

在蔡伦生活的年代，人们已经掌握了造纸术，但造纸的原料来自于蚕茧，不仅产量少，而且价格昂贵，所以寻常百姓都在竹片上写字，这便是竹简。

可惜竹子虽然便宜，却太重，尤其是孩童念书还要背那么多竹简，简直有些不堪重负，蔡伦就决心制造一种便宜的纸，来替百姓们分忧。

有一天，宫里新来了一位工匠，蔡伦听说对方来自盛产蚕丝的江南，不由得激动不已，连忙找上门来询问造纸法。

工匠告诉他，只要有纤维，就可以造纸。

蔡伦听罢陷入了沉思。

一连几天，蔡伦都在思考可以产生纤维的物品，可惜他从未做过试验，不知道哪些东西可以被运用到造纸术上。

一天，他在冥思苦想一番始终无果的情况下，忽然一拍桌子，碰翻了桌上的一壶茶。

随着茶杯的“哐当”落地，蔡伦大吼一声：“与其空想，不如动手试试看！”

他立即把工匠叫过来说：“从现在开始，我们就尝试用不同的材料造纸，看能不能提取纤维。”

工匠连连点头。

于是，两个人就找来很多树皮、破布，放到一口大锅中去煮，后来蔡伦还找来了破渔网，也放入锅中。

当锅里的东西煮热以后，他们又将那些材料捞出来，放入石臼中捣成浆液，工匠找来漂白粉，将浆液漂成白色。

最后，两人将浆液小心地铺在竹席上，薄薄得铺了一层，让其阴干。转眼间，一天过去了，浆液真的变成了一张轻薄的纸。

蔡伦欣喜万分，用毛笔在纸上书写了几笔，他惊喜地看到这种纸不仅吸墨快还不易晕染，顿时大笑着拍拍工匠的肩膀：“我们成功了！”

后来，他将这种纸献给汉和帝，受到了皇帝的大加赞赏。很快，全国百姓们都有能力使用蔡伦制造的纸了，出于对蔡伦的尊重，大家都将这种纸叫作“蔡侯纸”。

在纸未发明前，人们都是用什么方式来记录的呢？

◎最古老方法——结绳

远古人类为了方便计数，就在绳子上打结，以防止自己忘记东西的数量。

◎最早的汉字——甲骨文

起源于商朝后期，距今约两千年，是王室为了占卜记事而在龟甲或者兽骨上所雕刻的文字。

◎最具研究价值的文字——铭文

专指铸刻在用于祭祀的青铜器上的文字，一般记载了国家或宗族的大事，所以具有很高的研究意义。

◎最早的书籍——竹简

在战国至魏晋时期流行，将竹片用绳编联起来，就成为“简牍”，一篇文章就可以被书写进简牍里了。

◎最贵的记载工具——丝绢

古代资源匮乏，丝绢还曾作为一般等价物，足见其昂贵程度。

小知识

中国最早的造纸法——漂絮法

1. 蒸煮：将劣质的蚕茧收集起来煮熟。
2. 捣碎：将熟蚕茧捞出，反复捶打，于是蚕衣便被捣碎成浆液。
3. 风干：将蚕浆铺在篾席上，等那层薄薄的纤维晒干，就成了纸。

11 流行中世纪的四元素说

亚里士多德的贡献

主角档案

亚里士多德

姓名:亚里士多德。

国籍:希腊。

出生地:色雷斯的斯塔基拉城。

星座:牡羊座。

血型:如果他是A、B、O、AB中的一种,该血型的人都要偷笑了。

地位:古希腊博物学家,最伟大的学者,没有之一。

老师:柏拉图。

学生:几乎在他之后的所有西方哲学家。

轶事:

公元前三四五年,与雅典新首脑的世界观发生分歧,愤然出走。

同年,他去小亚细亚找自己的同窗赫米阿斯,当时赫米阿斯还是一个小国的统治者,结果亚里士多德成功掳获同窗的侄女的芳心,两人结婚。

公元前三四四年,赫米阿斯被杀,亚里士多德携全家逃亡。

公元三三五年,他回到雅典建立学校。他喜欢一边讲课一边在花园中走动,所以其哲学被称为"逍遥哲学",他亦成为逍遥派掌门。

公元前三二二年,六十三岁的亚里士多德死亡,死因成谜。最离奇的说法是,他因为解释不了潮汐现象而忧郁万分,跳海自杀。

大家都知道,中国古代有五行说,那么在西方,又有什么最基础的化学理论呢?

那便是亚里士多德发展的四元素说。

何为四元素,便是水、气、火、土四种元素。

其实早在亚里士多德以前,西方的哲学家就提出了四元素的雏形学说,大家绞尽脑汁思考这四种元素分别是何等物质,怎样去组成了这个世界。

不过，直到亚里士多德时期，四元素论才真正得以确立，并影响了整个中世纪的化学。

这是为什么呢？

原因很简单：亚里士多德太有名了，而“名言”总是跟“名人”联系在一起。

拉斐尔的画作《雅典学院》，画面中心是两位伟大的学者——柏拉图与亚里士多德（右）

公元前三四七年，亚里士多德的老师柏拉图去世，雅典城沉浸在一片悲痛之中，仿佛一夜之间，世界的颜色都成了灰色。

亚里士多德尽管也很悲伤，但他还是认为人们的痛苦太矫揉造作了，而那些为了悼念而将柏拉图奉为神明的人们更是令他觉得匪夷所思。

一个秋日的午后，正当亚里士多德在花园里散步，一群师弟围了上来。

师弟们个个两眼放光，激动地问亚里士多德：“师兄，听说你最近创立了一个新理论，是关于世界组成的学说吗？”

亚里士多德点头，暗喜：这些孩子还挺关注我的啊！

没想到一个愣头青年马上问：“柏拉图导师曾经将四元素用几何形状展现出来，请问师兄你也设定了形状吗？”

亚里士多德立刻皱眉，他本来就不喜欢柏拉图的几何学，眼下见几个师弟如此不懂事，立刻板起一张脸，开始说教：“四元素是多变的，不能用具体形状来描述。”

几个师弟异口同声地问道：“为什么呢？”

亚里士多德白了眼前几个人一眼，耐着性子解释道：“因为四元素会互相转化，比如水会转化成气，你们如何能说它们的形状固定呢？”

师弟们顿觉有理，纷纷点头。

亚里士多德见大家开始赞同自己的观点，这才变得热情起来，继续阐述道：“四元素理论是有充分的现实依据的。土最重，所以组成了土地；水比土轻，所以能流动在土壤之上；火和气更轻，便能飘起来，围绕着大地，世界由此产生。”

此时，大家已经彻底被四元素理论折服，对亚里士多德敬佩万分。

四元素论的第一位贡献者是希腊哲学家泰利斯，他认为万物由水组成；结果另一位哲学家阿那克西曼德提出异议，认为水、空气、土才是万物之本。

总而言之，在公元前五世纪，万物组成学说基本还只是围绕着单一元素展开，直到希腊数学家毕达哥拉斯的出现，四元素说才展露雏形。

可惜毕达哥拉斯痴迷于数学，硬生生将化学理论变成了数学理论，后来的恩贝多克斯则进行了拓展，认为四元素由于引力和斥力作用，可相互混合或分离，这些便是在亚里士多德以前的未成形的四元素说。

小知识

四元素说最深远影响——西方传统医学

四元素说影响了炼金术，让术士们认为金属是可以转化的，但其最深远的影响，则在传统医学上。

公元前四世纪，西方医学之父希波克拉底根据四元素说提出四体液说，认为人之所以生病，是因为体液不平衡，由此衍生出放血、发汗、催吐、排泄等疗法，其体液对应的元素如下：

肝制造血液——气。

肺制造黏液——水。

胆制造黄胆汁——火。

脾制造黑胆汁——土。

12 将化学应用于医学的第一人

帕拉塞尔苏斯

主角档案

姓名：帕欧雷奥卢斯·菲利浦斯·西奥弗雷斯塔斯·包姆巴斯塔斯·冯·奥享海姆(是不是有种眩晕的感觉?)。

自称：帕拉塞尔苏斯，“帕拉”是超越的意思，塞尔苏斯则是比帕拉塞尔苏斯早一千年出生的古罗马的一位家喻户晓的医生。

国籍：瑞士。

星座：天蝎座。

职位：医生、炼金术士。

性格：狂妄自大，导致树敌无数。

成就：医药化学的鼻祖。

争议事件：

◎一五二七年，他担任巴塞尔大学的医学教授，却不用流行的拉丁文讲课，转而用德语，让很多学生气愤。

帕欧雷奥卢斯·菲利浦斯·西奥弗雷斯塔斯·包姆巴斯塔斯·冯·奥享海姆

◎他攻击当时被人们尊敬的古代医生盖伦，并在课堂上焚烧盖伦的著作，结果被校方解聘。

帕拉塞尔苏斯，这是个颇不受当时化学界欢迎的人物，他性格傲慢、言行偏激，每到一处如同猎物进入射击范围，身受攻击无数。

不过，敢如此狂妄的，不是傻瓜就是天才，而他无疑是个天才。

他在化学上的伟大贡献是开发了矿物质作为药物，因为在他生活的年代，人们生病了仍旧得借助植物，根本不懂得无机矿物药剂的重要性。

为了研制药物，帕拉塞尔苏斯有计划地做了很多实验，并记录下各种金属的化学性质，而他的做法也给了后人启示：先做实验，而后根据化学性质归纳物质的种类。

不过没有人愿意跟帕拉塞尔苏斯搭档做实验，大家都受不了他说话的方式，帕拉塞尔苏斯也乐得清静，他心想，与其让一群笨蛋跟着我，还不如我一个人来得方便！

一五二七年，新教改革运动在欧洲大陆轰轰烈烈地展开了，一位名叫乔安·弗罗本尼亚斯的印刷家，同时也是清教徒的人，他患了很严重的腿疾，双腿溃烂得不成样子，每天，家人都为他在双腿上敷满草药，可是病情却日益加重，眼看就要到截肢的地步了。

乔安痛苦不堪，他是个富有热情的人，还想日后为新教奔走，呼吁广大教徒为自己的权利抗争，眼下却要终生与轮椅为伴，让他如何受得了？

他找到自己的朋友伊雷斯玛斯，希望对方可以帮助自己。

伊雷斯玛斯有点为难，他告诉老友："我知道有个人或许能够救你，可是又不知他是否愿意救你。"

乔安感到莫名其妙，他说："那就去找找他吧！也许他愿意呢！"

好友想找的医生就是帕拉塞尔苏斯，却又担心对方不仅不肯医治，还会用传说中的"毒舌"呛他们。

其实大家都误解了帕拉塞尔苏斯，他虽然说话难听，却是个很有医德的医生，而且特别喜欢疑难杂症，因为这意味着他的临床实验有对象了。

在乔安的坚持下，伊雷斯玛斯带着他找到了帕拉塞尔苏斯。

当时巴塞尔大学几乎所有的教授都对乔安的重症表示吃惊，他们甚至打算开一个冗长的座谈会，来讨论到底该如何医治快要坏掉的腿。

此时，帕拉塞尔苏斯不由分说带走了乔安，并将所有追过来的教授赶出自己的实验室外，接着，他拿起手术刀给乔安做了一个即将闻名欧洲的外科手术。

经过帕拉塞尔苏斯的努力，乔安的腿终于被保住了，伊雷斯玛斯感激地给医生写信："感谢你救了我一半的生命！"

然而，此刻帕拉塞尔苏斯却在实验室中拿起了几罐药品，暗忖：原来这些药真的有效啊……

帕拉塞尔苏斯的结局很悲惨，他在穷困潦倒的晚年被一个狂热分子杀死在一个酒馆中，但他却受到激进人士的欢迎，被评为比肩伽利略、哈维、法拉第的著名科学家。

他的其他贡献主要有：

1. 提出人体是一个化学系统的理论，他认为这套系统由汞、硫、盐组成，而矿物药是平衡人体系统的助手。

2. 提出不同药物针对不同疾病的理论，反对一药治百病。

3. 据说是他第一个发现了锌。
4. 他是第一个给酒精正式命名的人。
5. 他是第一个确认工业病的人。

小知识

医药化学兴起的背景

十五世纪末十六世纪初，化学进入到一个崭新的阶段，即医药化学阶段。这一时期也是欧洲的文艺复兴时期，不仅文艺得到发展，工业也迅速壮大，力学（纺织、钟表制造、水磨）、化学（染色、冶金、酿酒）及物理学（透镜制造）均有了大量事实依据，且出现了很多新型仪器，这些都促使实验科学向着更系统的状态前进。

13 打破古代炼金术的桎梏

阿格里科拉与《论矿冶》

主角档案

姓名：格奥尔格乌斯·阿格里科拉，德语及拉丁语翻译为“乔治农夫”。

国籍：德国。

星座：牡羊座。

头衔：地质学与矿物学之父。

代表作：《论矿冶》。

轶事：

三十二岁：成为职业医生，却狂热地痴迷开采矿石。

四十二岁：他运用自己的矿物知识进行投资，成为千万富翁。

六十一岁：感染黑死病，逝于德国的凯姆尼兹，因其信奉天主教，当地的新教徒不让人们将他葬于当地。

诞辰六十二周年：《论矿冶》一书终于出版，被誉为西方矿物学的开山作。

古代的人们崇尚炼金术，希望用贱金属提炼出黄金这种贵金属，颇有点类似于贪小便宜的心理。

炼金需要矿石，矿石又需要开采，所以古人们就千方百计寻找矿石，然后前仆后继地做着点石成金的美梦。

结果梦碎了，他们一块黄金都没炼出来。

为什么呢？

因为他们根本就不懂得那些矿石的性质，只知道将矿石往炼金的大锅里一放完事，最后怎么能不失望呢？

在十五世纪末期，德国化学家阿格里科拉出生之前，没有人能系统地阐述矿石的物理与化学性质，可能上天为了宽慰一下人们经历了长期炼金的失败而受伤的心灵，便将阿格里科拉派往人间，让他教导大众如何正确冶炼金属。

阿格里科拉的青年时代与如今一般的年轻人没有区别，他规规矩矩地读完了大学，拿到了一个挂职医生的牌照，眼看就可以赚钱养活家人了。可是天才的想法又岂非常人能比！

他马上宣称，自己要研究约阿希姆斯塔尔的矿工的病情，所以需要亲自开采矿石。

当时约阿希姆斯塔尔有很多开采白银的矿山，很多矿工因为日夜劳作而得了很严重的肺病，阿格里科拉的说法无可厚非，但他并未将自己的真实想法告诉家人。

实际上，他真正感兴趣的是熔炼矿石，并将反应物用于药物治疗上。

结果他一采就是十年，而十年后，他又变本加厉，搬到了德国著名矿业城市凯姆尼兹。

经年累月地与矿石打交道，阿格里科拉累积了不少心得，于是他奋笔疾书，写出了不少专门介绍矿藏的书籍。

然而真正令他成为划时代巨星的，却是在他逝世四个月后发表的《论矿冶》。

这本书在当时，甚至是几百年后都可称得上是矿石理论的集大成者，阿格里科拉教导大家矿石的地质结构、规律以及具体的采矿方法。

更重要的是，他总结出了一些矿石的化学性质，如银与铜的合金可以用与硫产生化合反应的方式，提炼出纯银，因为铜与硫化合会成为硫化铜。

炼金术者所采用的一个普遍的方法是把四种常见金属铜、锡、铅、铁熔合，获得一种类似合金的物质。

阿格里科拉教导人们要根据不同的矿石采用不同办法来冶金，这就驳斥了炼金术中的概论：只要是金属，都可以成为黄金。所以说，《论矿冶》是一部具有划时代意义的巨著。

《论矿冶》的主要内容有几部分：

第一卷：总论。

第二至第六卷：采矿知识介绍。

第七至第八卷：讲述矿石溶解前的准备工作。

第九至第十二卷：金属的化学性质及如何分离金属。

在该书的第四部分，阿格里科拉对金、银、铜、铁、锡、铅、汞、锑、铋等金属做了详细的介绍，他教人们如何从化合物中提取贵金属，而当年他就是用书中的这些方法取得了金银，走上了致富之路。

14 实验化学的鼻祖

海尔蒙特的柳树实验

主角档案

姓名：扬·巴普蒂斯塔·范·海尔蒙特。

国籍：比利时佛拉芒。

头衔：化学家、生物学家、医生。

学位：鲁汶大学的医学博士。

自称：火术哲学家。

兴趣：来一场说走就走的旅行。

最得意的事情：

1. 娶了一个富有的美女为妻，并在维尔乌德举行了一场盛大婚礼。

2. 做了一场柳树实验，自认为验证了自己提出的“万物来自于水”的理论。

3. 出版了一本著作《论磁性治疗》，可惜这本书被宗教法庭判定为异端邪说，结果倒霉的海尔蒙特蹲了八年牢狱。

扬·巴普蒂斯塔·范·海尔蒙特

中世纪的化学是四元素论的天下，同时炼金术也颇为流行，但时代的车轮势不可挡，近代化学的航船已经起锚，那谁担当了这过渡时期的重任呢？

他便是海尔蒙特。海尔蒙特是医生又是化学家，他在获得博士学位后，总想着为人们做些实事。这时学校让他去教书，叛逆的他觉得校园里学不到什么真本事，便一句话也不说，收拾好行李踏上了漫游欧洲的旅程。

也不知是他眼光太高，还是没有机遇，在游历了那么多国家后，他仍旧觉得学不到知识。

不过在旅行期间，有一件事倒是对他触动很大：当时的化学和医学知识相当匮乏，人们生了病后只会借助草药来治疗，却不懂得化学药剂具有更好的疗效。

这件事促使海尔蒙特下定决心要多做化学实验，研制出造福民众的药品。

于是，他再度拒绝国王和主教的任职邀请，而是窝在家中专心致志做起了实验。

补充一句：可能海尔蒙特知道自己将会成为一个自由工作者，所以才娶了一个富有的女子为妻。

他花了大把时间在化学实验上，每天脸也不洗头也不梳，搞得自己像个山洞里的野人。

他还给自己取了个外号——火术哲学家。其实，受炼金术影响的他并不认为火元素是地球的物质基础，他觉得水元素才是生命之源。

为了证明自己的观点，某一天他开始动手做一个柳树实验。

他将一个瓦盆里盛放上两百磅的干土，然后用水将土壤浇湿，种上一株重量为五磅的柳树枝干。

众所周知，柳树的枝干插在土壤里能生根发芽，于是五年以后，这株枝干已经长成为一棵小树了，海尔蒙特这才把柳树挖出来，并小心翼翼地将树根上附着的土壤收集到瓦盆里，又再次将盆里的土进行干燥。

当土壤完全变干后，海尔蒙特重新称了一下土壤的重量，发现只少了3盎司。

他激动地跳起来，叫道："我成功了！柳树果然是由水长成的！"

他的实验轰动一时，大家都找不出辩驳他的理由，因为做实验的人只有他一个，而谁又能花个五年时间来推翻海尔蒙特的观点呢？

如今用科学眼光去看海尔蒙特的理论，不难发现有很多问题。

柳树增加的重量一定来自于水吗？

未必，一定还有土壤中的矿物质、空气中的气体及微生物。

尽管海尔蒙特闹出了这个科学笑话，但他的此番举动仍具有相当大的意义。他是近代的实验狂人，一生做实验无数，而他也让化学实验成为化学领域里的一个重要步骤，这不能不说是海尔蒙特的最大贡献。

小知识

海尔蒙特的其他重要贡献

1. 提出"气体"概念：古人以为"气"就是指空气，但海尔蒙特却说："气是个笼统的概念，它包含不同的气体。"他还认为木头燃烧后会产生"野气"，实际上野气就是二氧化碳。

2. 发现氨气。

3. 区分了蒸气和气体的概念。

15 元素概念的首次提出

近代化学第一人波义耳

主角档案

姓名：罗伯特·波义耳。

国籍：英国。

星座：水瓶座。

爱好：看书、学习。

优点：文静、有上进心。

缺陷：有点口吃。

最崇拜的人：伽利略、格劳伯。

职位：英国皇家学会发起人及干事之一。

成就：在物理学、气象学、哲学、神学中均有涉猎，但成就最大的是化学。

罗伯特·波义耳

这位波义耳是个懂得反思且具有批判精神的科学家。

在刚接触化学那阵子，他也深受四元素论影响，和其他科学家一样研究起了空气。

结果他推断出空气的压力与其体积成反比，十五年后，法国才有一位叫马略特的物理学家得出这个结论，可见波义耳的厉害之处。

不过如此聪明的波义耳也有崇拜的人，那就是德国的工业化学家格劳伯。

格劳伯将自己的大半辈子奉献给了化学实验，还写了一本名为《新的哲学熔炉》的书，当波义耳读了这本书后，他激动万分，决定要跟随前辈的脚步，将化学发扬光大。

那时化学还不是一个系统的学科，波义耳认为，如果要让化学脱离炼金术或者医学，就必须先阐述化学的概念。

某一天，他恰巧又翻到了柏拉图的元素论，不由得脑中灵光一闪，心想，元素不就是化学中的第一个基本概念吗？

是的，当时科学界普遍流行四元素说，而这一学说也盛行了两千年，医学界还据此衍生出硫、汞、盐的三元素理论，但这些所谓的“元素”，都跟波义耳所想的元素大相径庭。

于是，波义耳开始撰写论文，并发表演讲，质疑传统的四元素说。

他告诉人们，四元素论中的“元素”并非真正的元素，因为它们可以被继续分解，但是，元素实际上是一种不能再被化学方法分解的最简单物质。

那元素到底有多少种呢？波义耳认为，不是亚里士多德说的四种，也不是医学家们说的三种，而是很多种。

三百年后，科学家们再一次证明，波义耳具有超前的智能，他的元素理论相当于道尔顿的原子论，而在当时，波义耳没有听信权威，而是独辟蹊径创立了自己的理论，是当之无愧的近代化学第一人。

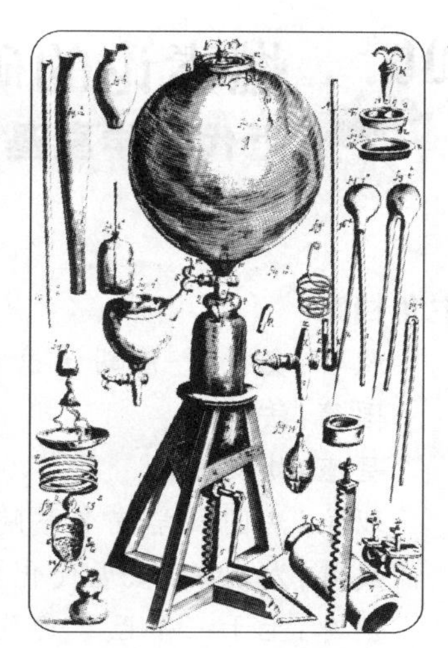

波义耳的真空泵

波义耳出生于爱尔兰一个贵族家庭，他在幼年时期曾在瑞士的日内瓦学习。当时瑞士正在开展宗教改革运动，所以波义耳深受资产阶级革命的影响，跟着同情革命的姐姐去了伦敦，从而结识了大批科学家，为他日后的化学研究开辟了道路。

就在波义耳提出“元素”概念之后，他又出版了一本名为《怀疑派化学家》的书，他发觉到化学实验的重要性，并反复强调化学只有抛弃传统理论，才能获得进步，可以说，这本书就是近代化学的开山之作。

小知识

波义耳人生的重要转折点——中毒事件

在波义耳三岁时，母亲因病去世，本来波义耳的身体就不好，加上无人照料，他一直被疾病缠身。

有一次，医生给小波义耳开错了药，害得他上吐下泻。

没想到，正是因为波义耳对药的过敏，才让本来可以夺走他性命的药没有产生作用。

但经历此事的波义耳从此就怕了医生，他努力研究医学，调配药物，为的是给自己治病，正因如此，他才醉心于化学实验，并取得了很大成就。

16 燃素论的破产

近代化学奠基人拉瓦锡

主角档案

安托万-洛朗·拉瓦锡

姓名:安托万-洛朗·拉瓦锡。

国籍:法国。

星座:处女座。

职位:法国科学院名誉院士、包税官。

成就:发现氧气、近代化学之父。

出身:生于一个巴黎贵族家庭,典型高富帅。

优点:拥有无上的智慧,为科学不顾一切。

缺点:贪财。

悲情时刻:一七九四年,五十一岁的拉瓦锡因参与波旁王朝的政治,在法国大革命中被处决,当时成百上千的人为他求情,可是罗伯斯庇尔不为所动。法国数学家拉格朗日对此痛心地说:“人们可以一眨眼就把他的头砍下来,但他那样的头脑一百年也长不出一个来了。”

要解释拉瓦锡的贡献,得先解释一下“燃素论”。

什么是燃素论呢?

这还得从古人们对火的崇拜说起。

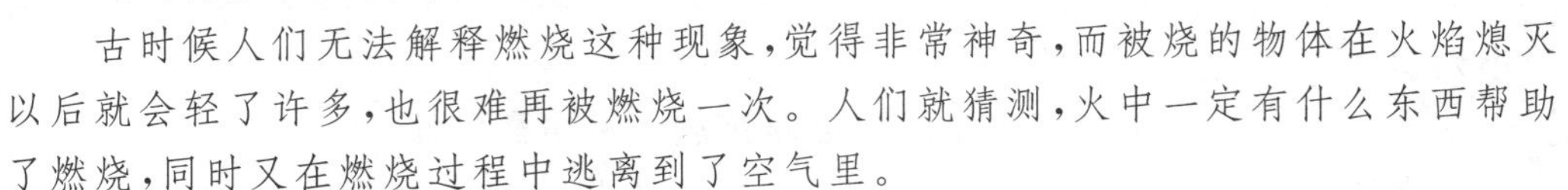

古时候人们无法解释燃烧这种现象,觉得非常神奇,而被烧的物体在火焰熄灭以后就会轻了许多,也很难再被燃烧一次。人们就猜测,火中一定有什么东西帮助了燃烧,同时又在燃烧过程中逃离到了空气里。

那么,这个东西是什么呢?

谁也不知道,就干脆将其命名为“燃素”。

从燃素论产生的那一刻起,科学家们对这个理论深信不疑,即使后来人们认识到空气对于燃烧的重要性,也依旧固执地认为:一定是燃素跑出来了!

因为燃素论给予了燃烧现象一个看起来很合理的解释,所以大家都不想撼动权威,对燃素论提出异议。

这时,只有一个叫拉瓦锡的化学家对燃素论表示了怀疑。

他做了很多的燃烧试验，结果发现：木头经过燃烧，质量确实变轻了；可是金属在经历剧烈燃烧后，质量反而增加了！

拉瓦锡心中起了疑问：如果真的有燃素，那它逃脱到空气中后，被烧的物体为什么不是统一地变轻呢？

为了得到更加准确的试验结果，他又做了第二个试验。

他取出一个密闭玻璃容器，容器内装有空气和固体物质。他先将容器称重，然后用放大镜将阳光聚焦到容器内的物体上，使得该物质彻底燃烧。最后，他再称了一下容器的重量，发现在燃烧前后，容器的重量是一样的！

奇怪，这是怎么回事？

拉瓦锡怕出错，又反反复复做了几遍，依旧得出相同的结果，他忽然恍然大悟，脱口而出："我明白了！一定是空气中有一种物质元素参与了化学反应，所以并没有燃素，有的只是这种有助于燃烧的气体！"

拉瓦锡将这种气体命名为酸素，其实就是我们今天所说的氧气。

同时根据这一实验，他得出了一个重要结论：物质在化学反应前后，只会发生形变，质与量却是守恒的，这就打破了炼金术的物质变化的想象，让中世纪的化学无以为存，从而奠定了近代化学的基础。

拉瓦锡伉俪

燃素学说发展史——

古代：人们相信火是万能的物质分离器，而燃素则有益于帮助燃烧。

十七世纪：燃素论出现。德国化学家贝歇尔及其学生斯塔尔认为，易燃物因含有较多燃素，所以易燃；空气的作用是在燃烧过程中带走燃素。

十八世纪：氧化说诞生。瑞典化学家舍勒制造出了纯净的氧气，但他被燃素论桎梏，将氧气命名为"火气"，还提出了一个错误观点：燃烧是火气与物质中的燃素相结合的反应，后被拉瓦锡证实观点错误。

17 充满大胆想象的天才

道尔顿与原子论

主角档案

约翰·道尔顿

姓名:约翰·道尔顿。

国籍:英国。

星座:处女座。

缺陷:色盲。

出身:穷苦的纺织工之子。

学生:物理学家詹姆斯·普雷斯科特·焦耳。

婚姻:终生未婚。

遗憾:始终挣扎在贫困环境中。

优点:为科学事业奉献了自己的一切。

缺点:晚年思想僵化,傲慢保守。

成就:发现色盲症、发现原子。

头衔:“近代化学之父”。

趣闻:

◎自学成才:道尔顿没正式上过学,他十岁时只接受了一些数学的启蒙教育,就敢在两年后担任教师,十五岁时跟着一位盲人哲学家学习外文、数学和哲学,过了十年又成了教授。

◎人造闹钟:道尔顿在肯德尔一所学校任教期间,每天早上六点都会准时开窗测温,结果对面一个家庭主妇将道尔顿当成了人造闹钟,道尔顿一开窗,她也起床做早饭,两人“默契配合”了几十年。

◎解剖眼球:道尔顿是色盲,他希望自己死后眼球能被解剖,以查出色盲的真正原因。他本以为是自己的眼睛出了问题,但科学家发现他的眼球正常,只是缺乏对绿色敏感的色素。

继波义耳提出化学元素论后,拉瓦锡又补充说明元素是不能用任何已知方法分裂成其他物质的一种物质。在二人之后,道尔顿就经常萌发出一个疑问:难道元素真的就是化学界的最小单位了吗?

可是，有些物质就是由单一元素构成的，不还是能被人们所看到吗？既然能被肉眼识别到，那还算什么最小的单位呢？

道尔顿百思不得其解，他就想动手做一个实验来解决这个问题，可是这更加增添了他的苦恼：他竟然不知道该选择什么实验好！

最终，道尔顿决定用气体做实验，因为气体是组织松散，同时又最活跃的物质。

他选取了两种纯净的气体，封闭在玻璃试管内，然后分别测试两个试管气体的压力，随后，他将两种气体混合，发现试管内的压力确实增加了。但是，由这两种气体组合成的空气的压力，等于两种气体各自的压力之和。

简单来说，就是我们生活的大气里有很多不同的气体，这些气体互不干扰，维持着自身的性质，也就是说没有发生化学变化，那么组成各种气体的最小粒子是以什么形式组合在一起的呢？

道尔顿再次陷入痛苦的思索中。

有一天，他正在屋外散步，忽然看到几个孩子围着一个盆子在玩水。

孩子们用一根长长的吸管插入水中，开始往盆里吹气。

于是，吸管就开始往水里喷出一个又一个小气泡，这些小气泡虽然互相贴合在一起，却互不影响，尽管数量越来越多，却始终能共生。

道尔顿顿时大叫一声："有了！"

他立刻发挥想象力，将组成物质的最小粒子描绘成一个一个非常小的球状体，并称之为"原子"。

随后，他又出版了一本名为《化学原理的新体系》的书，对自己的原子理论进行了详细阐述，并成功地说服了人们。

从此，原子论成为一门新兴学科，道尔顿也因此成为引领化学界走向新时代的一位奇人。

道尔顿的原子论是由古希腊的朴素原子说和牛顿的微粒说演化而来的，它的主要观点如下：

1. 化学元素由原子构成。

2. 原子是化学变化中不可再分的最小单位。

3. 同种元素的原子性质和质量相同，反之则各不相同，原子质量是元素的基本特征之一。

4. 发生化学反应时，原子以简单整数比结合。

18 学术骂战启发的灵感

阿伏加德罗的分子论

主角档案

姓名：阿莫迪欧·阿伏加德罗。

国籍：意大利。

出身：都灵望族。

星座：狮子座。

学位：都灵大学法律系学士学位。

优点：聪明，只有想做的，没有做不成的。

缺点：容貌怪异。

成就：三十五岁发表了阿伏加德罗假说，分子学说创始人。

遗憾：假说一直不被承认，小道消息称：因为他长得像坏人……

阿莫迪欧·阿伏加德罗

这个人物很幸运，却又十分不幸。

幸在哪里？

他出身富贵，父亲是一个大法官，所以阿伏加德罗不缺钱，他只要按部就班地读书、上班，然后继承他父亲的衣钵，在法院里谋个一官半职就可以了。

可是他又是非常不走运。

首先，他长得影响市容。

请不要排斥这个观点，否则我想象不出有什么道理能让此人的观点一而再，再而三地被他人驳斥回来。

想当年，道尔顿可是一说那个谁都不知道的原子论，就立刻被捧上了天啊！

其次，他太容易转变爱好了。

他在大学时学的是法律，而且成绩很好，可是几年之后，他突然觉得物理才是吸引自己灵魂的科学，于是又奋不顾身地学习了物理，结果从律师变成了一个乡下教书先生。

又过了几年，他被道尔顿与法国化学家盖·吕萨克的骂战吸引，脑门一热投身化学中。

可惜他研究了那么多年的化学理论，却始终不能被人们所接受。

这究竟是怎么回事呢？

原来，就在道尔顿发表了原子论的第二年，盖・吕萨克发现在同温同压下，发生化学反应的各种气体体积成简单的整数比。

盖・吕萨克是道尔顿的忠实拥趸，他高兴地认为，自己的实验验证了道尔顿的原子说，便提出了一个新假说：在同温同压的条件下，相同体积的不同气体含有相同数量的原子。

没想到此理论惹得道尔顿大怒，他指责盖・吕萨克天马行空，任意妄为，殊不知自己也曾做过和盖・吕萨克相似的实验，还差点得出和对方相同的理论。

盖・吕萨克一番好意反被偶像泼了冷水，他心有不甘，于是又拿出各种实验结果来替自己争辩。

一时间，两人轮番指责轮番激辩，将整个欧洲的化学界闹得沸沸扬扬，可是大家谁都不敢掺和，因为大家都不知道究竟谁对谁错。

这时阿伏加德罗站出来了。

他发现盖・吕萨克的观点有可取之处，于是在一八一一年发表了一篇论文，提出了分子的概念，认为分子由多个原子构成，这样的话，同温同压下，相同体积的不同气体就可以拥有相同数目的分子了。

谁料他的论文连半点涟漪都没泛起。

阿伏加德罗没有失望，三年后，他重新发表了第二篇论文，继续推广他的分子说。就在这一年，法国著名物理学家安培也提出了类似分子的假说。可是人们只盯着安培，却始终不肯搭理阿伏加德罗。

这下阿伏加德罗慌了，七年后他再发论文，除了重申自己的观点，还文情并茂地讲述了分子论对化学的意义。

结果，一直到他死去，也没人相信他的话！

直到他逝世后的第四年，化学界才不得不承认阿伏加德罗的理论是正确的，具讽刺意味的是，这时大家才意识到，阿伏加德罗的逻辑有多清晰、论据有多准确，但这些迟到的赞美阿伏加德罗再也不可能听到了。

为什么阿伏加德罗的假说一开始不被接受，后来又被认可了呢？

因为当初人们太迷信原子，不知道分子与原子的区别。

后来，大家才发现，他们很难判定化合物的原子组成，而且原子量的测定和数据也始终乱成一锅粥。如果醋酸可以写出十九种不同的化学式的话，那化学岂不是一门混乱的学科吗？

一八六〇年，忍无可忍的化学家们在德国召开了一次重要会议，来自全球的一百四十名化学家展开激烈争辩，谁都不能说服对方，直到阿伏加德罗的假说摆放到众人面前，才真正平息了这一场纠纷。

小知识

分子基本概念

分子是能单独存在，并能保持纯物质化学性质的最小粒子，它由不同原子构成，而化学反应的实质，就是不同物质的分子中各原子进行了重新地排列组合，最后产生了新的分子。

19　整理扑克牌的大师

门捷列夫与化学元素周期表

主角档案

姓名：德米特里·伊万诺维奇·门捷列夫。

国籍：俄罗斯。

星座：水瓶座。

职位：多所大学教授、英国皇家学会外国会员。

成就：改进了元素周期表并发表了世界上第一份元素周期表。

天才往事：

七岁：入中学，并表现出惊人的记忆力和学习能力。

十六岁：上大学，立志成为一名化学家。

二十岁：发表第一篇论著《关于芬兰褐廉石》并在矿物学协会的刊物上发表。

二十三岁：成为彼得堡大学副教授，教授化学课。

德米特里·伊万诺维奇·门捷列夫

综上所述，不难发现这位俄罗斯化学家从小就是个神童，生于十九世纪下半叶的他一心想要将化学这门新兴学科发扬光大，却时常沮丧地发现，人们对化学并不了解，而化学也不过是几个零星的化学现象而已。

门捷列夫不甘心，想要让化学成为一门系统学科，于是他决定首先从化学的基础理论——元素论展开研究。

当时化学家们已经发现了六十三种元素，但如何将各个元素组合在一起，却令大家想破了脑袋。

门捷列夫也是百思不得其解，他只好将每个元素的名称及性质写在一张张小卡片上，然后有空就摆弄这些卡片，希望能整理出一丝头绪。

他尝试着将元素按照原子量递增的顺序排列在一起，可是发现这样一来，稀土元素就没位置了，他连声叹气，暂时将卡片放在桌上，去忙别的实验。

一天晚上，他又开始研究那副翻了好几年的“扑克牌”，忽然，他激动地发现，自己之所以排不下去，是因为忽略了那些未知的元素。

他立刻将自己的想法画于纸上，制成了人类历史上的第一张化学元素周期表。

在这份周期表中，他大胆地为未知元素留出了空位，并告诉人们：原子量的大小排列是有规律的，如果有地方原子量跳跃过大，就是有新的元素尚未被发现。

两年后，他又对第一张元素周期表进行了改进，发表了第二张表。在改后的表中，同族元素由竖排变为了横排，从而使元素的周期性更明显。

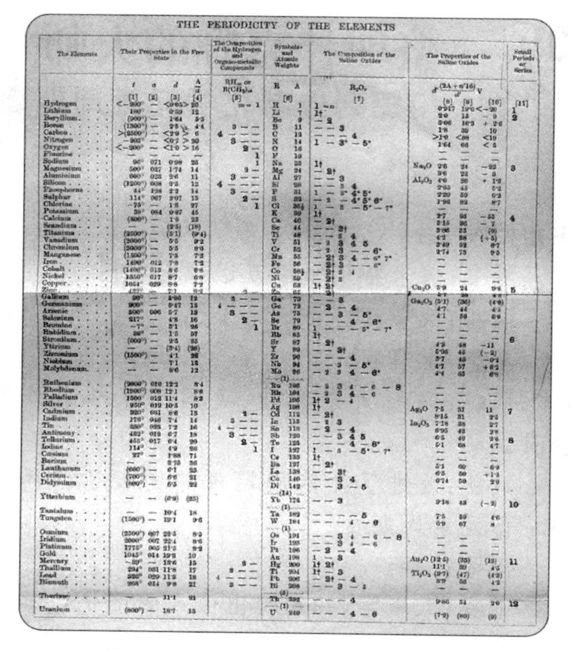
THE PERIODICITY OF THE ELEMENTS

The Elements	Their Properties in the Free State	The Composition of the Hydrogen and Organo-metallic Compounds	Symbols and Atomic Weights	The Composition of the Saline Oxides	The Properties of the Saline Oxides	Small Periods or Series

门捷列夫第一份英文版本的元素周期表

门捷列夫将元素周期表的理论发表于自己的著作《化学原理》中，得到了科学界的一致好评。

至今，化学界都将元素周期律称为门捷列夫周期律，以表彰门捷列夫的不朽功勋。

化学元素周期表有何规律呢？

1. 主族元素：越往左金属性越强，越往下金属性越强。

2. 同主族元素：周期数增加，分子量逐渐变大，半径也变大，金属性越来越强。

3. 同周期元素：原子序数的数量增加，分子量越来越大，半径却越来越小，非金属性增强。

4. 元素周期表的最后一列都是稀有气体（惰性气体），不易发生化学反应。

小知识

第一个发现元素周期律的化学家——纽兰兹

英国化学家纽兰兹才是首位发现元素周期律的化学家，和门捷列夫一样，他也看出元素该按照原子量的递增顺序排列，可惜当时没有人赞同他的观点，直到门捷列夫发明了元素周期表以后，纽兰兹才获得了迟来的认可。

20 与脂肪烃进行死亡之舞

有机化学创始人肖莱马

主角档案

姓名：肖莱马。

国籍：德国。

星座：天秤座。

头衔：有机化学奠基人。

出身：一个贫困的木匠家庭。

婚姻：终生未婚（又一个为科学奉献一生的人）。

代表作：《化学教程大全》。

青年时期，从小就喜欢化学的肖莱马穷得上不起学，只能当药剂师学徒维持生计。

二十五岁，他用多年来打工赚的钱报考著名化学家李比希主持的吉森大学化学系，虽然成功入学，却只上了一个学期就因钱不够而辍学。

二十六岁，离乡背井去英国，成为化学家罗斯科教授的私人实验助手；从此留在英国，一直到去世。

三十七岁，破格成为英国皇家学会会员，三年后成为欧文斯学院的第一个有机化学教授。

寒门出贵子，这句话是真真切切地落到了肖莱马的头上。

穷人的孩子早当家，说的是穷孩子比较早熟，思虑得较多，所以尽管肖莱马只念了一年书，他仍旧努力掌握了化学实验的基本技巧。另外，他还受了名化学家柯普的影响，培养了化学科学史的爱好，简单一句话：读吉森大学的化学系真是物超所值！

后来为了继续钻研自己喜爱的化学，肖莱马去了英国。

在那里，他不断提醒自己要用知识改变命运，于是潜心苦练，终于取得了很多化学成果。

他的最大成就，也是令他日后扬名立万的贡献是对脂肪烃的研究。

什么是脂肪烃？

就是具有脂肪族化合物基本属性的碳氢化合物。

可能大家还是不懂，那就举个简单的例子，日常生活中的樟脑丸、杀虫剂、麝香、冰片等就是脂肪烃。

很多人都坐过飞机，相信也都清楚飞机限带的物品中就有一项是杀虫剂，这足以说明脂肪烃的厉害之处。

在肖莱马生活的那个年代，人们并不知道脂肪烃的危险性，而且还有很多的脂肪烃未被发现，所以肖莱马的实验充满了风险，简直可说是与死神共舞。

有一次，他对甲烷进行氧化作用，他刚把甲烷点燃，实验室就发出了惊天动地的一声巨响。

玻璃器皿炸裂了，飞溅的碎玻璃将肖莱马的脸划得鲜血淋漓。

肖莱马的眼镜也碎成了几片，他痛苦地倒在地上，口中发出呜咽声。

其他同事闻讯过来抢救肖莱马，当他们见到实验室里的狼狈景象时，都吓得目瞪口呆。

幸亏肖莱马戴着眼镜，他的眼睛才得以保全。

令所有人担忧的是，肖莱马刚痊愈就又投入了对脂肪烃的研究中，而他打交道的这种物质极容易发生爆炸，此后，每隔一段时间，肖莱马都要负伤几次，他的脸上和手上永远都有瘀青和伤痕，往往是旧伤未消，新伤又起。

但是正因为他的努力，才使得人们深入了解了甲烷、乙烷、丙烷、丁烷直到辛烷的全部化学性质，肖莱马开创了脂肪烃的系统研究，为有机化学的创立奠定了基础。

肖莱马之所以去钻研脂肪烃，是因为一八五七年德国化学家凯库勒提出了一个碳原子是四价的假说，这虽然是有机化学的一个基础理论，但当时无人能证明，于是肖莱马迎难而上，展开了一系列实验。

他先从煤焦油和石油中提炼出高级的烷烃，如戊烷、已烷、庚烷和辛烷，然后研究它们的沸点、元素组成、分子量等。

在当时，人们只对甲烷、乙烷等最低的烷烃进行过粗略的研究，肖莱马并不满足，他对这些烷烃进行了卤化、水解、氧化、酯化等反应，还深入分析了反应后的产物，得出了一系列的结论。他弥补了有机化学的空白篇章，是一位值得尊敬的化学大师。

21 是军火大王也是和平元凶

诺贝尔的遗憾

主角档案

姓名：阿尔弗雷德·贝恩哈德·诺贝尔。

国籍：瑞典。

星座：天秤座。

专利发明：三百五十五项。

公司和工厂：约一百家。

服务国家：欧美等五大洲二十个国家。

遗产：约九百二十万美元。

头衔：化学家、工程师、炸药发明者、军火商、全球最高荣誉诺贝尔奖创始人。

阿尔弗雷德·贝恩哈德·诺贝尔

说起诺贝尔，几乎无人不知，无人不晓，每一年，各个国家都在翘首企盼由他创立的诺贝尔奖能被本国国民获得。

而大家似乎忘了，诺贝尔先生最初也是一个惨淡经营的科学研究者，并非死后那个为文艺和科学奉献大量金钱的慈善家。

诺贝尔的发迹归功于炸药的发明，这是他对人类做出的最大贡献，但后来也成为他内心沉重的枷锁。

一八四七年的冬天，意大利化学家索布雷罗将浓硝酸和浓硫酸的混合液滴入甘油中，制造出了对治疗心脏病、心绞痛有奇效的药物——硝化甘油。

大喜过望的他随后产生了好奇：能否从硝化甘油中提取到更为纯粹的物质？

于是他尝试着加热硝化甘油，结果却发生了大爆炸，索布雷罗被吓得放弃了试验，而在他之后，很多化学家也都无功而返，有人甚至还付出了生命的代价。

诺贝尔和他的父亲却没有被吓倒，一八五九年，他们决心向硝化甘油发出挑战，制成一种安全的炸药。

孰料那一年，一个惊人的消息传来：法国已经发明了炸药。

诺贝尔父子大吃一惊，后来才发现，这是个假消息，父子俩遂加快了对炸药的研究，三年后，他们开设了自己的第一座炸药加工厂。

灾难在不经意间降临。一次实验中，工厂发生大爆炸，诺贝尔的父亲被炸成重伤，他的弟弟更是被炸死，巨大的伤痛立刻蒙住了诺贝尔的心，他差点无法继续自己的实验。

邻居们都认为诺贝尔是灾星，对他议论纷纷，而政府则出于安全考虑关掉了诺贝尔的工厂，一切似乎糟透了。

诺贝尔想想自己伤亡的亲人，忽然意识到：如果自己就此终止了实验，那他的亲人付出的代价不是白白浪费了吗？

他重振决心，在一艘驳船上开始做发明，经历了无数的风险和考验后，终于制成了一种比较安全的雷汞雷管。

后来，他又发现用干燥的硅藻土吸附硝化甘油，能让炸药在运输过程中安全系数大为提高，于是又研制出了性能可靠且安全的黄色硅藻土。

经过诺贝尔十年的悉心研究，世界上的第一批硝化甘油无烟火药诞生，诺贝尔开始在全世界设立工厂，一跃成为世界级富豪。

此时，已无人咒骂他，取而代之的，是大家对他的尊敬和称赞，第一次世界大战爆发后，各国都在催促着更多的炸药能被生产出来，而在战争中死于炸药威力的士兵和平民更是不可计数。

诺贝尔震惊了，他虽靠炸药赚了很多钱，却不能弥补内心的愧疚，他没想到自己的发明居然成为一种夺人性命的利器，不由得陷入抑郁之中。

在弥留之际，他将三千两百万瑞典克朗中的三千一百万遗产作为基金，设立了物理、化学、生理或医学、文学及和平五个奖项，以表彰每一年对人类做出巨大贡献的学者，这也算是他最后对人类社会的一点歉意表达吧！

其实炸药是火药的“徒弟”，世界上第一个发明火药的国家是中国，早在唐朝，中国人就发明了黑火药，后来宋朝人将其应用于战争。

不过，中国的火药需要用明火点燃，且爆炸的威力也不够大，所以不能满足人们的需要。

而在诺贝尔生活的时代，采矿业正如火如荼地展开，对炸药的需求量大增，正因为如此，诺贝尔父子才萌发出制造炸药的念头，并阴差阳错为世界军火事业打下了坚固的基石。

第二章

各显神通的化学元素

22 最后一个被发现的金属元素

铼

根据化学家们的实验成果，由门捷列夫创立的元素周期表上如今已有一百一十二种元素，其中金属元素有九十种，但在这些金属元素中，你知道有哪种元素是最后一个被发现的吗？

答案揭晓，就是铼！

铼在自然界中的存量非常稀少，它的总量仅比镤和镭这些元素的存量大一点点，堪称地球上最稀有的金属之一。

一八六九年的冬天，门捷列夫发现了元素周期表的规律，但在铼这个位置上，他尚未发现一个新的元素，只知道该元素与锰的性质有点像，就将其取名为“类锰”。

于是，科学家们为了寻找到“类锰”，展开了不懈的研究。

早逝的英格兰化学家亨利·莫斯莱非常精通于计算原子序列，他比较了锰和类锰的原子量后，得出一个重要结论：类锰的原子序列是七十五，而锰只有四十三。

这一发现让化学家们欣喜万分，他们知道如果找到了原子序列是七十五的金属，就意味着发现了类锰！

根据以往的经验，未知元素常常能够在与其性质相似的元素的矿物中获得，所以锰矿、铂矿和铌铁矿一直被认为藏有类锰。

可是科学家们费了九牛二虎之力，却始终未能如愿。

一九二五年，又是一个看起来平常的一天，三位德国化学家——诺达克、塔克夫妇早早地来到实验室，继续进行对类锰的研究。

桌上放着一块昨天刚拿到手的铂矿石，之前他们已经勘探过其他的岩石，却一无所获，眼下只能再碰碰运气，看这块铂矿中能否发现新物质。

他们采取了X光线来做勘探。

当时X光线刚问世三十年，可以说是一项崭新的发明，化学家们尝试着用它来发现新物质，也算是一个创新。

第二天，X光线的光谱图有了结果，诺达克看着图片，眉头渐渐地拧紧了。

“这条线是什么？从未见过！”他的心中充满疑惑。

于是，他拿着光谱图去找塔克夫妇，结果后者也说没见过这种元素。

诺达克忽然瞪大眼睛，惊喜地说：“会不会就是类锰？”

塔克夫妇也充满喜悦，点头道："我们快去查一查，也许真的是呢！"

结果，在当年的纽伦堡德国化学家联合会上，诺达克和塔克夫妇联手宣称，他们发现了一种性质和锰相似的新元素。为了纪念德国的母亲河——莱茵河，他们将新元素命名为铼，这是人类发现的最晚的一个天然元素。

铼非常稀少，在被发现的第五年，它在全球的存量也仅有三克，时至今日，它在世界上的总产量也仅有十吨。那么，它究竟是拥有怎样性质的元素呢？

密度：21.04 g/m^3。

熔点：3 180 ℃。

沸点：5 627 ℃。

颜色：银白。

质地：柔软。

化学性质：溶于稀硝酸、过氧化氢溶液；高温下与硫的蒸气化合成硫化铼；可吸收氢气；能被氧化成性质稳定的七氧化二铼。

作用：铼合金耐高温抗腐蚀，被用来制作电子管组件材料、火箭导弹高温涂层、宇宙飞船仪器、原子反应堆防护板。若将铼涂在普通钨丝表面上，能使灯泡的使用寿命延长十倍。

小知识

不是土的"土"——稀土元素

虽被称为土，但稀土元素并非土，而是因为十八世纪末期被发现时，人们发现这些元素的氧化物不溶于水，就将氧化物笼统地叫作"土"。

稀土元素是指元素周期表上的镧系元素及钪和钇，共十七种元素，其特点是活泼、熔点低、具有可塑性，绝大多数呈现铁磁性，能够在电子、石油化工、冶金、机械、能源等方面发挥相当大的作用。

23 爱迪生艰难寻觅的宝贝

钨

中国有句古话，叫“踏破铁鞋无觅处”，还有一句古话，叫“柳暗花明又一村”，那么，终于发现了寻找之物后又是什么心情呢？

那便是——众里寻他千百度，蓦然回首，那人却在灯火阑珊处。

对大发明家爱迪生来说，钨这种元素正是他寻觅千百度的珍贵之物。

电灯是爱迪生一生发明的最高巅峰，而钨则帮助他成就了这一伟业。

但换句话来说，正因为爱迪生，钨才成为被大众所熟知的金属元素。

很难说，究竟是谁成就了谁。

在人们不曾拥有电灯之前，大家用的还是老式的煤油灯和煤气灯。这种灯需要经常添加煤油或煤气，点燃之后总是发出一股一股的黑烟，熏得人蓬头垢面，而且不安全，容易引发火灾。

基于此，科学家们便想找到一种既安全又方便的灯，来代替老式灯的作用。

美国的发明家爱迪生，就在时代最需要他的时候来临了。

爱迪生从小就喜欢做实验，他在十六岁那年翻阅了很多介绍电力照明的书籍，从此对电产生了很大兴趣。

他想，我为什么不造一盏电灯呢？这样大家不就省得天天给煤油灯灌煤油了吗？

说到做到，爱迪生立刻着手制造灯泡，并且发现在真空状态下灯泡的发光时间会变长。当一切难题都解决之后，灯丝的材质却成为他心头萦绕不去的一块心病。

因为电灯需要长时间发光发热，所以灯丝必定得选择耐高温高热的材料，有些材料不耐热，有些材料虽然耐热，导电性能却不强，这让他愁破了头。

爱迪生喜欢列举，就将自己所能想到做灯丝的金属全部罗列在纸上。

这一写可不得了，竟然有一千六百多种！

爱迪生只好让自己的学生把这些金属轮番做实验，结果发现只有白金最合适，且能让灯泡发光两小时。可是谁愿意花大钱去买一块白金做灯丝的灯泡呢？

这时，爱迪生做了一个大胆的决定：用炭条代替白金，看能否延长灯泡寿命。结果他成功了，灯泡的使用寿命一下子飞跃到了四十五小时。

可是爱迪生还是不满意，他觉得远远不够，一个晚上有七、八个小时，碳丝灯泡只用七天就废弃了，是多大的浪费啊！他继续孜孜不倦地攻克着灯丝寿命的难题，一九〇六年，他终于想到了钨，经过实验发现，钨丝灯泡能连续发光近四千小时，是当时使用寿命最长的灯泡。

一九〇七年，钨丝灯泡正式投入使用，让美国的万千家庭获得了光明。

为了纪念爱迪生，一九七九年，美国举行了一整年的活动，耗资达数百万美元，但相较爱迪生给人们提供的方便，这个数额或许并不值得一提。

钨在自然界中的存量也较少，它在地壳中的含量为百分之零点零零一，所以是一种稀有金属。好在如今科技飞速发展，钨的纯度和产量也在不断提升。

爱迪生的主要发明诞生在新泽西州的门洛帕克实验室

它的基本属性如下：

颜色：钢灰色或银白色。

质地：坚硬。

熔点：＞1 650 ℃。

原子序数：74。

原子量：183.84。

钨矿种类：二十种，中国一般为黑钨矿和白钨矿两种。

化学性质：常温下化学性质稳定，强酸对其不起作用，但可迅速溶解于氢氟酸和浓硝酸的混合液中；在温度八十度至一百度的条件下，除氢氟酸外，其他强酸会对钨发生微弱作用；在空气中，熔融碱可以把钨氧化成钨酸盐；高温下钨比较活跃，能与氯、溴、碘、碳、硫等化合。

小知识

钨的发展史

如今的钨元素已经被冶金行业大量使用，主要用于制造灯丝和高速切削合金钢、超硬模具、光化学仪器。

钨是一种重要的战略金属，钨矿被称为“重石”。

一七八一年，瑞典化学家舍勒首次发现钨元素。

一九〇〇年，巴黎世博会首次展出以钨合金为原料的高速钢。

一九〇七年，钨丝灯泡问世。

一九二七年，碳化钨基烧结硬质合金，钨冶金工业开始发展。

24 世界第一个飞人之死

易燃的氢

中国有句古话："初生牛犊不怕虎。"为什么不怕虎呢？因为无知。

无知者无畏，但那结局可想而知，牛犊在老虎面前当然活不成了！

由此可知，知识对人来说，是多么的重要。

在人类历史上，缺乏知识，可能就是要命的事情！

在十八世纪末期，真有一个勇敢者因为不懂化学知识而送命的。

他叫罗齐埃，对飞行十分着迷，做梦都想象鸟一样地飞到天上去。

当时飞机还没有被造出来，人们只造出了热气球，不过大家不敢贸然就往天上飞，而是先将鸡、鸭、鹅等家禽送上了高空，来观察用热气球飞行是否可靠。

那些家禽均安然无恙，可是尽管如此，还是没有人敢冒着会被摔死的风险坐热气球。

但是，人们确实很想知道热气球是否能载人飞行。

于是，法国国王就想出一个办法：不如让死刑犯去坐热气球，反正那些囚犯也没得选。

于是，国王将这个消息广而告之，罗齐埃知道后心想，为什么要把这个荣誉给囚犯！这可是人类历史上的第一次高空飞行啊！

从罗齐埃的想法中就能看出来，这个青年的思维可真与常人不一样，他为了理想完全将生死置之度外了。

于是他毛遂自荐，找了一个志同道合的青年，请求国王让他们一同乘坐热气球。

国王非常感动，批准了两人的请求。

一七八三年十一月二十一日，人类展开了第一次飞行，当天罗齐埃二人共飞了二十三分钟，行程约八点八五公里。当两人安全着陆后，人们一哄而上，将这两位大英雄团团围住。

罗齐埃成了明星，却并没有骄傲自满，因为他有个更加宏伟的心愿：飞跃英吉利海峡。

公元一七八六年的热气球

第二年，氢气球被发明了出来，这下罗齐埃拿不定主意了。

具有冒险精神的他想尝试氢气球。但又不知道氢气球能否维持与热气球一样的飞行时长。

最后，他做出一个自以为两全其美的决定：两个气球都乘！

于是，罗齐埃与上回一起飞行的同伴将两个气球组合，然后升空了。当时他们望着英吉利海峡，满心憧憬着未来的成功，谁知道，悲剧在一瞬间发生了！

气球在高空发生了大爆炸，两个青年不幸殒命。

为什么会这样呢？

因为罗齐埃不了解氢的属性。

原来，氢气和氧气混合，加热后就会发生爆炸，热气球上的火焰点燃了氢气球里的氢气，怎能不导致悲惨的一幕发生呢？

在地壳中，按重量计，氢只占总重量的百分之一，不过其在自然界中的分布很广：在水中，氢占百分之十一；在泥土中，氢占百分之一点五。

此外，按原子百分比算，氢是宇宙中含量最多的元素，氢原子的数目是其他所有元素原子总数的一百倍。在太阳大气中，氢的原子百分比占到了百分之八十一点七五。

外观：无色无味。

重量：自然界最轻的气体。

熔点：－259 ℃。

沸点：－253 ℃。

化学性质：极其易燃，需要远离火源。

用途：合成氨和甲醇、提炼石油、冶炼金属、制造热气球、治疗疾病、成为清洁能源。

小知识

氢是如何被发现的？

十六世纪，一位瑞士医生发现了氢，但他并没有研究下去。十八世纪，英国化学家卡文迪什有一次在做实验时，失手将一个铁片掉进了盐酸中，他立刻发现盐酸溶液中不断冒出气泡，产生这些气泡的气体就是氢气。由于氢的沸点远远低于常温，所以纯净的氢一般以气体的形式存在。

25 拿破仑三世喜爱的银色金子

铝

物以稀为贵，这话一点都没错。阳光雨露遍地都是，有谁会想到要珍惜？只有佛祖才会苦口婆心劝世人要感恩大自然。

一百多年前，法国国王拿破仑三世的态度就说明了这个问题。

当时，欧洲最珍贵的金属不是黄金、白银，也不是铂金，而是一种如今在我们生活中随处可见的金属——铝。

可能大家要发笑了：铝算什么？我们的硬币、钥匙、纽扣、门窗，哪个不是铝做的？我们出行的时候，交通工具上的铝随处可见，而我们的糖果包装纸、牙膏皮，也几乎都是铝呀！

拿破仑三世

是的，在一百年后，铝已经多得成为最不值得一提的金属，但在拿破仑三世那个时期，因为生产技术不够，导致铝的产量比黄金还稀少，当然就比黄金还贵了。

当时铝被称为“银色的金子”，其贵重程度可见一斑，偏偏拿破仑三世是个爱慕虚荣的皇帝，他为了炫耀自己的富有，恨不得将所有的金属都换成铝。

他有一套珍藏在柜子里的铝制餐具，但凡举行宴会，就拿出来捧到所有宾客面前炫耀一番，当看到大家都瞪大眼睛表示惊奇时，他的虚荣心得到了极大的满足。

不过这还不够，皇帝还想获得更多的赞美。

一天，他找到自己的内侍大臣，命令道：“你去给我找一顶比黄金还贵的帽子来！”

大臣是个榆木脑袋，不明白贵族圈子里流行什么，这一下可愁坏了，他天真地认为，这世上的钱币都用金银打造，还有什么会比黄金更贵的呢？

可是既然皇帝如此要求，肯定有他的打算，好在这个大臣虽笨，但还算懂得变通。

他偷偷贿赂了皇帝的心腹，这才得知，原来拿破仑三世要的是一顶铝制的帽子。

这个故事尽管在现代看来荒诞不经，却是不争的事实。

当年化学家门捷列夫因为发现了元素周期律而受到英国皇家学会的奖赏，奖品也是一个如今看来非常普通的铝杯。但门捷列夫还是欣喜地接受了，说明十九世纪的时候，铝真的是一种非常贵重的金属。

铝之所以在以前珍贵，是因为人们掌握的化学技术不够，提炼不出大量的纯铝。

十九世纪二十年代的维勒是第一个发现铝的德国化学家，但他使用的方法非常复杂，且制得的铝非常少，所以无法让铝普遍为人们所用。

三十年过去了，法国化学家德维尔用金属钠还原氯化铝，获得了成功，但钠的价格同样很高，使得铝被生产出来后比黄金还要贵上几倍，所以拿破仑三世才会那么喜爱铝。

其实，铝元素是地壳中含量最高的金属元素，占地壳总重量的百分之八点三，比铁元素还要多一倍，仅次于非金属元素氧和硅。

其属性如下：

颜色：银白色。

相对密度：2.70。

熔点：660 ℃。

沸点：2 327 ℃。

物理性质：有延展性，难溶于水。

化学性质：在潮湿环境中能在表面生成抗腐蚀的氧化膜，易溶于各种酸性溶液。

作用：常被制成铝合金，普遍用于交通、建筑行业。

小知识

电解法——铝的大规模应用

维勒虽然是首个发现铝的科学家，可是一直等到他学生的学生——美国的豪尔出手，铝的大规模生产才得以成功。

豪尔在一八八六年用电解法（用电流通过物体，使物体发生化学变化，从而产生新的物质）获得了第一个纽扣大小的铝球，他喜不自胜，捧着铝球一路小跑着向老师报喜，从此铝就成了非常廉价的物品。

26 日本福岛核泄漏的致命逃逸

铯-137

在讲铯-137的故事之前，先了解一下一个科学概念：同位素。

同一元素的两个原子，质子数相同，中子数不同，有着相同的原子序数，这两个原子分别组成的元素便是同位素。

其中，有放射性的同位素是对人体有害的，如铯-137；没有放射性且半衰期大于一千零五十年的同位素，则对人体无害，如天然存在的铯-133。

不过，无论是铯-137还是铯-133，都是铯元素，只不过铯-137对人体危害极大，所以常令人谈"铯"色变。

铯究竟有多恐怖呢？

一九八五年，巴西的戈亚尼亚发生一起严重的铯-137泄漏事件，产生了如下一列惊人的数据：

四周内四人死亡。

十四人受到过度照射。

十一万两千人要接受监测。

两百四十九人受污染。

八十五间房屋被污染。

数百人被疏散。

5 000 m^3 放射性废物诞生。

然而，尽管能导致人死亡，铯-137却依然在人类社会中发挥着巨大的作用，因为它是核电站发电的重要原料之一。

二○一一年三月十一日，日本发生了罕见的九级大地震，造成极大的损失，而在地震过后，更大的灾难让人们惊慌不已，那就是福岛核电站的核反应堆爆炸事件。

据记者后来采访的信息称，福岛核电站早就存在铯-137泄漏的隐患，只不过地震成了催化剂，使得原本就不堪负荷的反应堆彻底损毁，进而威胁到全人类的健康。

当铯-137发生泄漏后，一支由五十人组成的志愿队伍自动留在核电站，希望降低辐射对人们造成的伤害。

很快，队伍中有五位员工不幸殉职，另有二十名员工受到辐射伤害，但即便如此，这支敢死队依旧坚守在原地，不屈不挠地与放射性元素展开了殊死搏斗。

无数人被这支队伍所感动，他们饱含热泪称那些志愿者为“福岛五十壮士”，并在心中默默为幸存者祈福。

很快，更多的志愿者加入到坚守核电站的行列中，他们置生死于不顾，为的就是不让放射性元素继续外泄，避免更大的灾难发生。

如今，日本福岛核泄漏事件已经过了三年了，但留给人们的阴影仍在：海洋受到污染，很多人不敢再贪享海鲜的美味；大量居民受到辐射污染，今后几十年，他们将不断忍受后遗症的痛苦，且无法根除。

铯是一种比较稀少的金属元素，在自然界中没有单质形式，主要存在于铯榴石中，铯-137是铯的放射性同位素，能损伤人的造血系统和神经，甚至导致人死亡，另外，铯-137还会聚集到人体肌肉内，增加患者致癌的风险。

铯的属性如下：

颜色：金黄色。

熔点：28.40 ℃。

沸点：678.4 ℃。

密度：1.875 7 g/cm^3。

物理性质：非常柔软，具有延展性。

化学性质：在潮湿的环境中非常容易自燃，是危险的化学品。

作用：制造真空器件、光电管，放射性同位素铯-137可用作核反应堆原料。

小知识

铯——美丽的天蓝

铯在拉丁文中的意思为“天蓝”，如此美丽的名字来自于两位德国化学家——本生和基尔霍夫。一八六一年，两人在一瓶矿泉水中发现了蓝色的光谱，从而得出了一种全新的元素，他们根据光谱的颜色将该元素命名为铯。当年，两位科学家共提取了七克氯化铯，但直到二十年后，才由德国化学家赛特贝格提炼出了纯金属铯。

27 差一步就可改变化学史

舍勒与氧

之前我们提到过燃素论，这是一种兴起于古代欧洲的朴素化学理论，在拉瓦锡发现氧气并将其命名后被推翻，不过，第一位氧气发现者并非拉瓦锡，而是瑞典化学家舍勒。

根据史料记载，舍勒发现氧气的时间是一七七三年以前，比英国化学家普里斯特利发现氧气还要早一年，而他之所以会萌发研究氧气的念头，来自于他给药房打工的那段经历。

因为家里穷，舍勒从小就开始吃苦，十四岁那年，他去一家药房当学徒，每天起早贪黑地工作，只是为了补贴家用。

由于经常要忙碌到很晚，所以天快黑时舍勒总会点燃蜡烛，将药店照得一片光明。

刚开始，他在打烊时总是用嘴吹灭蜡烛，药店里的其他伙计看到后，总会严厉制止他，然后用一个玻璃罩将蜡烛罩住。

舍勒惊讶地发现，在玻璃罩里的烛光越来越微弱，最后化为一缕青烟，不再闪亮。

为什么蜡烛在空气中能持续燃烧，罩上玻璃罩之后就不行了呢？难道说，蜡烛的燃烧需要空气？

随着舍勒在药房打工的时间增长，他逐渐成为了一名药剂师，这样他便能做各种实验了，于是他决心解开蜡烛燃烧之谜。

有一次，他在空烧瓶中放入了一块燃烧的白磷，接着塞上瓶塞，等待白磷燃烧殆尽，然后立即将瓶子扣进水里。

奇怪的事情发生了：水到达瓶内的五分之一处便不再增加，就算这个实验做多少次，结果都一样。

舍勒又做了另一个实验，他把稀硫酸溶液淋到铁屑上，放进一个玻璃瓶里，然后将瓶口封闭，只留一根软管将瓶内生成的气体导出并点燃。

他同样将这个玻璃瓶倒扣在水里，最终得到了与上一个实验同样的结果：当导出的气体燃烧完之后，进入瓶内的水也只占了玻璃瓶体积的五分之一。

舍勒大惑不解，开始反复思索两次实验中烧掉的气体。

最终他得出一个结论：肯定是那气体被烧掉了，所以瓶内的空气才会变少了。

“这简直就是活空气呀！”舍勒兴奋地说。

舍勒将氧气命名为“火焰空气”，可惜他仍旧受着燃素论的影响，以为氧气就是火元素，致使自己的化学成果有了一个错误的结论。但他依然受到人们的尊敬，被誉为伟大的化学家。

斯德哥尔摩的舍勒塑像，记录他在进行物质在氧气中燃烧的实验

提到氧，应该是无人不知，无人不晓，它是地球上分布最广泛、含量最高的元素，也是组成地球上一切物质最重要的元素。它在地壳中含量最高，为百分之四十八点六，在大气中纯氧则占到百分之二十三。

其性质如下：

外观：无色无味。

密度：1.429 克/升。

重量：比空气重。

物理性质：压强为 101 kPa、温度在零下 183 ℃时氧气变为淡蓝色液体，零下 218 ℃时变成雪花状的淡蓝色固体。

存在形式：单质有氧气和臭氧；化合物有一切含有氧元素的化合物；特殊形式则有四聚氧和红氧。

作用：供给动植物呼吸，组成地球物质，但过量的氧气会使人发生氧中毒。

小知识

舍勒——自学成才的明星

舍勒没有上过大学，他的一切化学理论全部来自于他的实验。他的贡献很多：

1. 发现氧、氯和锰，此外，他发现了氮、氢、氯化氢和氨，只是在发表论点时比别人晚了一步。

2. 发现了氰化氢、氟化氢、砷化氢、硫化氢、亚硝酸、砷酸、钼酸、钨酸等无机酸，草酸、酒石酸、苹果酸、柠檬酸、乳酸和尿酸等有机酸，还发现了乳糖和乙醛。

3. 改进了实验方法和工具，为后人提供了很多借鉴之处。

28 生女不生男的元凶

铍与“女儿国”

在中国四大名著《西游记》中，唐僧与女儿国国王的一段情缘最为人们所津津乐道。

但相信大家同时也会有个疑问：为什么那个国家里全是女人？

到了现代，在中国南方的某个村寨里，居然也发生了类似女儿国的事情。

曾经，在广东省的某个山区，住着几十户人家，当时还没有进城务工一说，村里的年轻人都留在本地耕作收获，日复一日过着平淡简单的生活。

有一天，村里忽然来了一群穿工作服的外乡人，有好事的村民一打听，才知道是省城来的地质勘查队员。

那些队员自带帐篷，从不住在村民家里，让当地的居民十分惊奇。

人们偶尔听到他们的谈话，说什么附近的大山里有“宝藏”，顿时又惊又喜，连忙去问村里最年长、最有学问的老人阿顺。

“当然有宝藏！”阿顺老人激动地说，“我们的山叫后龙山，山上有龙脉，据说古时候有一位帝王就埋在此地，还有不少的陪葬品，都是稀世珍宝啊！”

听的人眼睛亮了，心中不由得打起了鬼主意：“那要是我们去寻宝的话，不就发财了！”

“混账！”老人气得白胡子一翘一翘的，呵斥道，“那些都是受到巫师诅咒的宝物，不能随意触碰，否则会带来不幸的！”

听完老人的话，村民们开始担心那些外来的勘探队员会找到宝物，然后引发什么灾难，于是就悄悄尾随地质队进山勘察。

地质队一共在山里待了两个月，每天尽是刨土采石头，并没有发现老人口中所说的珍宝。

当他们离开后，偷偷观察他们的年轻人回来大声向村民们汇报情况：“他们每个人都背着一个包，包里只是石头和锤子，别的什么也没有！”

这下大家都放心了，从此继续安居乐业，日出而作，日落而息。

然而，所有人都没想到，他们的平静生活早就一去不复返了。

一年后，村里的几个孕妇生下了孩子，结果全是女孩。

村民们迷信重男轻女，光生女孩怎么行呢？于是村里的女人们再度怀孕，满怀希望想生一个男孩。

可是奇怪的是，无论是新婚的还是结婚好几年的，女人们生的无一例外都是女孩，连半个男丁都没有。

时光荏苒，眼看着再这样下去，村里都是女人，到时村落该灭绝了。

村民们非常着急，整天求神拜佛，恳请菩萨赐他们一个男丁，但菩萨似乎将他们遗忘了，仍然有女婴被不断地生出来。

人们只好再去问阿顺老人，老人气愤地用拐杖敲着地面，骂道："一定是那些外乡人破坏了龙脉，神才会这样惩罚我们！"

村民们吓得神色大变，他们火冒三丈，派了几个精壮的男人出山寻找当年的地质队，希望能知道出了什么事。

出去寻人的村民运气很好，竟然将地质队找到了。

当地质队员听说"龙脉"被破坏一事后，有些哭笑不得，同时他们也起了好奇心，想看看到底是什么原因导致了村民生女不生男。

经过一段时间的勘测，队员们发现，原来根本不是龙脉被毁坏，而是山上的泉水含有微量的铍元素。

当年他们的钻机在勘探的时候将山泉引了出来，导致村民们的饮用水中也含有大量的铍，这才引发了只生女孩的局面。

村民们得知真相后，堵住了山泉水，凿井改喝地下水，终于使情况发生了好转，几年后，村里的第一批男婴终于出生了。

当人体含铍量较高时，精子成熟活动率受到损害，含 X 染色体的精子的抵抗力强，生存率高，与卵子结合的机会多，就容易生女孩，这就是出现女儿国的主要原因。

铍是一种含有剧毒的元素，实际上，它的化合物也有毒，所以不能随意接触。

铍的属性如下：

颜色：灰白色。

硬度：比钙、钡高，不可用刀切割。

危害：人体摄入后会中毒或致癌，对眼睛、呼吸道和皮肤有刺激。

物理性质：不溶于冷水，微溶于热水。

化学性质：具有抗氧化性和抗腐蚀性；可溶于酸，也可溶于碱，且能放出氢气。

作用：

1. 铍最易被 X 光线穿透，所以有"金属玻璃"的美称，被用于制造 X 光线管小窗口。

2. 铍可促使原子反应堆里的裂变反应持续下去，被用于原子能工业。

3. 铍比铝和钛轻，强度却是钢的四倍，且吸热能力强，适合做宇航材料。

4. 铍与铜的化合物耐腐蚀，且导电性好，被用于制造手表、海底电缆、采矿业专用开凿工具。

小知识

铍的发现史

铍是十八世纪末期被法国化学家沃克兰在绿柱石和祖母绿中发现的，三十年后，德国的维勒获得了单质铍。

在沃克兰之前，也有化学家对绿柱石进行过分析，但都未发现新元素，沃克兰却研究出铍的存在，他甚至尝了铍的味道。

铍在希腊文中是“甜”的意思，因为铍的盐类有甜味，这成为沃克兰命名铍的缘由。

29 南极科考队的危机

不堪严寒的锡

对冒险者和科学家来说，南极是地球上的最后一块净土，是令人向往的纯白之地，尽管有着种种危险，他们从未放弃征服这片大地。

一九一二年一月，英国探险家斯科特带领着他的队员向南极大陆进发，不幸的是，这支队伍最终只有六人生还，队长斯科特和其他队员全部葬身在寒风和白雪中。

为何会发生如此惨烈的事情呢？这和探险队极度缺乏知识有关。在斯科特队向南极发起最初的挑战时，就发生了意外，而此事几乎可以预言探险任务将以失败告终。

斯科特队是乘坐一艘名为“新大陆”号的考察船靠近南极大陆的。谁知，船刚靠岸就没油了，队员们想要加油，却惊讶地发现汽油桶里的油都漏光了。

斯科特队长仔细看了一下汽油桶，发现油桶的盖子都好好的，但桶底的焊接处却出现了裂缝，很明显，汽油就是从缝隙里漏掉的。

可是在运送这些油桶登船时，他明明是亲自检查过，确认无误才开船的呀！

斯科特塑像

斯科特认为是有队员在暗中破坏，便将大家找来质问。

没有人承认自己对汽油桶动过手脚，一些直脾气的人还表示了愤慨：“我们动油桶做什么？难道我们会自寻死路吗？”

斯科特也觉得自己的怀疑有些滑稽，就中断了调查。

由于无法开船，探险队不得不另换了一艘名为“特拉诺瓦”号的考察船驶进南极。

后来，探险队在向南极点挺进的时候，由于缺乏极地经验，没有使用极地犬，再加上天气异常恶劣，斯科特队长和其余三位冒险家不幸罹难，而剩下的六人则艰难地撑过了最困难的时光，捡回了一条命。

为何汽油桶会泄露呢？

后来经科学家考察发现，“新大陆”号上的汽油桶是由锡焊接的，锡这种元素不耐严寒，在温度极低的环境中会变成粉末，导致漏油现象的发生。

俗话说：知识改变命运，这句话一点没错。可惜的是，因为缺乏知识而送了命，是最大的不幸。

锡会在低温环境中变成灰色粉末，以前的人们认为这是因为锡有了疾病，所以将这种现象称为“锡疫”，其实观察一下锡的属性，就不难解释“锡疫”的产生：

颜色：略带蓝色的白色。

熔点：231.89 ℃。

沸点：2 260 ℃。

物理属性：有延展性，常被制成锡箔；在−13.2 ℃的环境下，变成煤灰般的粉末；若在−33 ℃或有红盐的酒精溶液存在的环境下，变成粉末的速度会加快；在161 ℃以上的环境下，锡会变脆，叫作“脆锡”。

名号：五金之一，五金即为金、银、铜、铁、锡。

作用：

1. 与铜按三比七的比例制成青铜，在几千年前就被人们广泛使用，推动了人类社会的进步。

2. 与硫化合成硫化锡，可作为金色颜料。

3. 与氧化合成二氧化锡，能净化汽车废气。

4. 常被用于制作生活用品，锡瓶插花不易枯萎。

5. 锡有杀菌、净化的作用。

6. 是人体微量元素之一，有药用价值。

小知识

锡矿中潜藏的杀手

虽然锡有很多作用，但与锡相生相伴的是砷，砷的化合物是砒霜的主要成分。

中国锡矿丰富，云南省个旧市更是世界知名的“锡都”，可惜人们对于锡矿的利用率并不高，百分之七十以上的锡的伴生矿——砷都在开采出来后被丢弃。时至今日，已有数百万吨的砷被丢弃在野外，或将导致污染地下水的情况发生，该情况必须得到人们的重视，否则这一隐性杀手迟早将危害人类健康。

30 化学元素中的“贵族”

惰性气体

说到贵族，大家难免想起某些词语：慵懒、华贵、冷静，似乎生性淡漠才配得上贵族的气质。

确实如此，就连化学元素中的“贵族”，也拥有着冷漠的性质，不轻易与其他化学元素发生反应呢！

在十八世纪末期，英国大化学家卡文迪什在过滤空气时发现，即便他将氧气、氮气、二氧化碳等已知气体排除后，仍有一些不知名的气体残存。

由于这些气体的量实在太少了，未能引起卡文迪什的注意，他从没有想到，这些气体竟然是后来的化学元素周期表中的一个元素家族。

时光荏苒，一百多年后，英国物理学家瑞利也开始拿气体做实验了。

有一次，他在制备氮气的时候发现：从空气中制得的氮气，总要比从化合物中提炼出来的氮气重那么一点点。

这一点点其实很少，只有零点零零六四克，很容易被忽略不计。

然而瑞利和卡文迪什不一样，他是个比较爱钻牛角尖的人，为了能弄明白这些多余的气体是什么，他足足花了两年的时间来做研究。

这种人如果到当代，很可能被当成是偏执狂，或者是有顽固性精神洁癖的处女座，但是，瑞利是个如假包换的天蝎座。

瑞利分析了卡文迪什的化学实验，觉得后者发现的剩余气体就是自己所研制出来的零点零零六四克气体。

他与自己的朋友、化学家拉姆塞合作，一起对这些体积占空气总量不到百分之一的气体进行实验，发现就算与性质极其活跃的氯和磷混合在一起，那些气体也懒洋洋的，丝毫不见有任何反应。

太奇怪了！

瑞利继续研究，终于发现了一种从未见过的气体，他将其命名为氩，就是希腊语中的“懒惰”之意。

这一发现震惊了化学界，大家纷纷猜测：元素周期表中肯定有与氩同族的其他气体。

果不其然，三年之后，化学家们陆续发现了氦、氖、氪、氙，又过了两年，最后一个惰性气体氡也被发现了。

至此，元素周期表的零族元素终于补齐，一个“与世无争”的元素家庭彻底现身了。

为何惰性气体不爱与其他元素发生化学反应呢？原来，这是由其原子的结构所决定的。

惰性气体原子的外层电子非常稳定，不会被轻易夺走，也不会想把别的电子抢过来，所以才会如此“懒惰”。

其属性如下：

外形：常温常压下是无色无味的气体。

种类：氦、氖、氩、氪、氙、氡六种天然存在的气体与人工合成的Uuo。

别名：贵气体、高贵气体、贵族气体。

作用：

1. 可作为制造业中的保护气，如可延缓原子能反应堆的氧化、延长灯泡使用寿命。
2. 充入霓虹灯中，可发出五颜六色的光。
3. 可制成混合气体激光器。
4. 代替氢气制成飞艇，且不会发生爆炸和火灾。
5. 氦气与氧气混合制成人造空气，供潜水员呼吸。
6. 可作为人造地球卫星发出的电离信号，与地球进行联系。
7. 用于医疗方面，如制作麻醉剂、溶脂剂，或应用于放射治疗等。

小知识

道是无情却有情——或被改名的惰性气体

惰性气体真的对其他元素无动于衷吗？

一九六二年，加拿大化学家合成出了氙的化合物，且此种化合物具有很强的氧化性。顿时，人们对惰性气体的印象大为改观。

如今，惰性气体的用途越来越广泛，人们觉得再称呼其“懒惰”似乎不太可靠，有学者干脆提议，不如称其为“稀有气体”或“贵重气体”更合理。

31 用双手掰开原子弹

斯罗达博士和铀

看如今的新闻，美国政府不时要对中东地区发动制裁，理由是怕某些国家私藏原子弹等核武器。

能让美国谈虎色变，一提到原子弹就如临大敌，可见原子弹的威力确实不能小觑。

可是大家是否知道，在化学史上，竟然有一位科学家硬生生地用手掰开了原子弹，从而避免了一次重大灾难。

听起来似乎有点匪夷所思，但事实如此，这位科学家就是加拿大的斯罗达博士。

在战火纷飞的第二次世界大战期间，各国都在制造最先进的武器，当时大量的炸药被生产出来，源源不断地运送到前线，但是人们并不满足，他们还想拥有比炸药破坏力更加巨大的武器。

斯罗达博士所在的科学研究小组，就负责原子弹的研制工作。

有一天，他如往常一样在实验室中进行研究，在场还有很多同行，所有人都全神贯注地盯着制造原子弹的原料——浓缩铀。

斯罗达博士和他的助手将两块浓缩铀放在同一轨道上，开始分析铀在临界状态下的性质。

什么叫临界状态呢？

简单来说，就是指核材料要发生爆炸的那个时刻的状态。

不过在一般情况下，科学家们是不会让核材料那么轻易就发生爆炸的，他们将核材料，比如浓缩铀分割成两小块，让每一块都达不到能引发爆炸的条件，这样的话，核材料在运输时会安全许多。

但是，核材料无论怎样被保护，始终是危险品，稍有不慎就会惹来大麻烦，斯罗达博士就不幸撞上了这种事。

当他和助手在埋头分析问题时，没注意到拨动铀块的螺丝刀突然滑脱，致使两块铀开始相向滑行，等斯罗达博士发现时，铀块快撞到一起了！

“糟糕！危险！”博士大叫一声，他来不及多想，飞奔到铀块面前，用两只手强行将铀块分割开来。

幸亏博士及时出手，铀块才没有被合在一起，当然也就不会因达到临界状态而发生爆炸，这样，拥有很多精密仪器的实验室保全了，科学家们也得以安然无恙。

可是斯罗达博士却深深地受到铀的放射性伤害，他用身体直接接触了含有致命辐射的铀块，导致健康急剧恶化。在他用双手隔开铀块的第九天，就因重病离开了人间。

时至今日，人们仍旧十分尊敬这位舍生忘死的科学家，称其为“用双手掰开原子弹的人”，斯罗达的光辉事迹也在一代一代地流传，从未停歇。

铀在地壳中的含量很高，但是因为其提取困难，所以被人们当成了一种稀有金属。在镎和钚被发现前，铀曾被认为是自然界中最重的元素。

铀在自然界的同位素有三个：铀-238、铀-235和微量的铀-234，它的性质很活泼，所以总是以化合物的形式存在。

其属性如下：

颜色：银白色，有光泽。

熔点：1 135 ℃。

沸点：3 818 ℃。

密度：19.05 g/cm^3。

种类：铀-238、铀-235、铀-234三种天然存在元素和十二种人工合成同位素。

产地：美国、加拿大、南非、西南非洲、澳洲和中国。

化学性质：活跃，能和除了惰性气体以外的所有非金属元素发生化学反应；易氧化、自燃；溶于硫酸、硝酸和磷酸，无氧化剂存在时不能溶于碱性溶液。

作用：其化合物在早期被用于给瓷器染色，后成为核燃料。

小知识

铀——以天王星为名

铀是一七八九年由德国化学家克拉普罗特发现的，此时距八大行星之一的天王星被发现已过了八年，因天王星的英文名为 Uranium，为表示纪念，克拉普罗特便将这种新元素命名为U，即铀。

32 王水啃不动的硬骨头

最重的金属锇

自然界中有那么多的金属，一定会有所区别，那么，哪种金属最轻，哪种金属最重呢？

公布答案：最轻的金属是锂，最重的金属则是锇，而评判的标准便是密度。

别看锇这么重，它的一些属性却是相当奇怪的。

一八〇三年，法国化学家科勒德士戈蒂与同事将一块铂系矿石放入王水中，然后开始观察矿石的变化。

所谓王水，就是浓盐酸和浓硝酸的混合物，颜色为黄色，腐蚀性极强，甚至能将黄金溶解。

很快，科勒德士戈蒂看到矿石的表面泛起了气泡，而王水中也沸腾起来，伴随着"咝咝"的响声，溶液上方升腾起了白烟。

看来王水的腐蚀性真的很强啊！做实验的科学家们无不感慨。

许久以后，这块矿石终于不复存在，但王水中却存留了一些残渣，而且任凭科勒德士戈蒂怎么用玻璃棒在溶液中搅拌，残渣就是不被溶解。

"奇怪，居然还有物质不能被王水所溶！"大家都惊讶地说。

于是，科勒德士戈蒂将残渣取出，进行研究，结果发现了两种未知的金属，他们很快将这个消息公诸于世，但没想过要为新金属命名。

第二年，法国化学家泰纳尔发现了其中一种金属的氧化物，可是他在做实验的时候十分不舒服，因为这种化合物太容易挥发了，而且散发出一种刺鼻的臭味。

泰纳尔从实验室里出来后，就感觉自己的眼睛出了问题，他的同事见他时都大吃一惊："你的眼睛怎么红红的，像兔子一样？"

泰纳尔苦笑了一下，回答道："刚才被蒸气熏的，休息一下就好了。"没想到，他居然休息了好几个星期！

后来去医院就诊时，泰纳尔才得知自己中了毒，甚至会有失明的危险！

泰纳尔因此对这种新的元素有了深刻印象，他将其命名为锇，在希腊语中就是"臭味"的意思。

后来，化学家们又陆续对铂系矿石中的其他元素进行研究，又发现了铱、钯、铑和钌这四种新金属元素，然而，除了铂和钯，其余四种金属都不能被王水溶解，看来王水也有难啃的硬骨头啊！

锇是铂系元素的一种，因此往往与铂共同组成矿石。

它是自然界中已知的密度最大的金属，但却非常脆，不过如果与其他金属做成合金，硬度又非常大，所以是一种非常矛盾的元素。

锇的属性如下：

颜色：灰蓝色固体，但被捣成粉末后呈蓝黑色。

熔点：3 045 ℃。

沸点：5 300 ℃以上。

密度：22.59 g/cm^3。

物理性质：非常脆，极易被捣成粉末。

化学性质：固体性质稳定，粉末容易氧化，蒸气有剧毒，对人的视网膜有强烈的刺激性。

作用：

1. 可做催化剂：合成氮或加氢反应时，加入锇，无须多高的温度就能获得较高的转化率。

2. 与铂制成的合金可做手术刀。

3. 与铱制成的合金非常坚固耐磨，可制作钢笔笔尖、钟表仪器的轴承。

小知识

相生相伴的“家人”——铂系元素

铂系元素基本是以单质存在的，也就是以纯净物的形式存在，而且这些元素还有个特点：几乎都抱成团地在一起，而且会形成天然合金。如果铂系元素存于铂矿石中，那么金属铂的存量自然是最多的，其他元素的含量则较少；但若铂系元素存于铜矿、磁铁矿中时，它们的含量就更少了，需要经过精确的化学工艺才能被提炼出来。

33 形影不离的两兄弟

铌和钽

在化学元素中，除了有不可分离的“家人”外，还有一对行走江湖的好“兄弟”——铌和钽。

这两种元素一直都是共同存在的，谁也离不开谁，而它们被发现的时间也很相近，带有惊人的巧合性。

一八〇一年，英国化学家哈切特在考察大英博物馆时，发现一块署名为钶铁矿的矿石样本中含有一种新金属，他试图提取这种金属，可是没有成功，无奈之下，他只好将其命名为“钶”。

第二年，瑞典化学家埃克博格在一块铁矿石中发现了新元素，但当他想提取这种元素时，却始终差了那么一点，而当他想要放弃时，似乎再进一步就能成功了。

“真是令人无奈的元素啊！”埃克博格进退两难。

好在，最终他还是成功了。

埃克博格觉得自己提取新元素的过程有点像希腊神话中宙斯的儿子坦塔罗斯的故事。

坦塔罗斯因泄露天机被惩罚永世站在深及下巴的水中，当他想喝水时，水就自动退至他腰间；当他想抬头吃头上的果子时，果树的枝条就升高，这样坦塔罗斯永远处于一种焦灼的渴望中。

备受煎熬的坦塔罗斯

于是，埃克博格将新元素命名为“钽”。

结果，钽元素问世后，哈切特的钶元素受到极大挑战，因为当时人们分不清钽和钶的性质，便认为二者根本就是同一种元素。

就这样过了四十年，钶一直被当成钽而存在。

一八四四年，德国化学家海因希斯证明钽和钶是同时存在的，他还将钶改名为“铌”，然而，他同样没能将铌提取出来。

转眼又过了二十年，又有三位化学家证实钽和钶是两种不同的元素，他们还列出了两种元素化合物的化学公式。

不过，真正揭开铌的神秘面纱的，还属瑞士化学家德马里尼亚，一八六四年，他用还原反应从氯化铌中首次提取出了铌金属。两年后，他又发表论文，称铌和钽是相伴存在的，引起了化学界内的广泛关注。

从此，铌才真正有了“名分”，而它与好兄弟钽困扰了化学家长达六十多年的“友情”，也终于得到了人们的理解。

二十世纪初，爱迪生用铌作为灯丝材料，曾让铌出了短暂的风头，不过后来铌被钨所取代，逐渐被人们淡忘。直到一九二〇年，人们发现铌可以加固钢材，铌才又得到了重视。

到底铌和钽有怎样的属性呢？

铌：

颜色：灰白色。

熔点：2 468 ℃。

沸点：4 742 ℃。

密度：8.57 g/cm^3。

化学性质：常温常压下性质稳定，在氧气中不能被完全氧化；高温下与硫、氮、碳直接化合；可溶于氢氟酸。

作用：铌是超导体元素，能被制成磁悬浮列车、发电量大增的直流发电机，且因良好的耐腐蚀性被制成各种耐酸设备和生理材料，如人造骨头和肌肉。

钽：

颜色：蓝灰色。

熔点：2 996 ℃。

密度：10.9 g/cm^3。

化学性质：在室温低于150 ℃时是最稳定的金属之一，但在200 ℃时开始氧化，在高于250 ℃时与卤素反应生成卤化物；能溶于浓碱溶液。

作用：由于有很好的抗腐蚀性，被制成各种蒸发器皿、电子管，医疗上也可用于缝补破坏的组织。不过，与铌天生抗腐蚀不同的是，钽是因为表面生成了保护膜而具备抗腐蚀性的，它是一种活泼金属。

34 指纹破解儿童遇害案

“名侦探”碘

一八九二年六月十九日的一个傍晚，当落日的余晖完全从地平线消失后，整个南美洲开始沉寂，仿佛一只即将冬眠的熊。

这时，在阿根廷一个叫尼克奇亚的小镇上，突然传来一阵凄厉的惨叫声。

镇上所有的居民都为之一惊，不明白发生了什么事。

哀嚎声还未消散，就见一个满身血污的妇女跌跌撞撞地冲进了警察局，她瞪大了惊恐的眼睛，用颤抖的嗓音尖叫道：“我的孩子！我的孩子被杀了！”

警察们急忙站起来，询问妇女详情。

这名妇女名叫弗朗西斯卡，是一个单亲母亲，她有一个六岁的儿子和一个四岁的女儿，目前正在和同一个镇子里的男子维拉斯奎交往。

弗朗西斯卡放声大哭：“一定是维拉斯奎杀死了我的孩子！几天前他向我求婚，被我拒绝了，当时他就威胁我要杀死我的孩子。今天我快到家时还发现他从我家里走了出来，他肯定是凶手！”

听了弗朗西斯卡的话后，警察赶紧行动，将维拉斯奎捕获，但后者拼命喊冤，声称自己没有杀人，还声称弗朗西斯卡在说谎。

后来，维拉斯奎提交了自己的不在场证明，警方调查后发现维拉斯奎果真没有作案嫌疑，顿时陷入了沉思。

奇怪，谁会丧心病狂到杀害两个无辜的儿童呢？

为了搜集证据，警察局长阿尔法雷兹带着警员来到凶案现场，他们仔仔细细地搜查房子里的每个角落，希望能发现一星半点线索。

忽然之间，门楣上一个棕褐色的手指血印吸引了警长的眼光。

警长皱紧眉头，眼睛一亮，命令道：“将这个门框卸下来搬走！”

回到警局后，警长取了维拉斯奎的指纹，然后比对门框上的血印，发现两个指纹并不一样，也就是说，维拉斯奎不是凶手。

为了扩大搜查范围，警长又取了弗朗西斯卡的指纹，这一次，令所有人目瞪口呆：血指纹竟然与弗朗西斯卡的一模一样！

在铁证之下，弗朗西斯卡不得不道出杀害亲骨肉的动机：原来，维拉斯奎不喜欢小孩，她为了跟男友结婚，才下了狠心，杀死了自己的两个孩子。

这是世界上的第一起用指纹破案的案件，而功臣便是碘元素。

当警长要取指纹时，便将嫌疑犯的手指在一张白纸上摁一下，然后将手指摁过的地方对准装有碘的试管口，用酒精灯加热试管底部，这样，碘蒸气就会将白纸上的指纹熏染出来。

碘是卤族元素，我们在日常生活中就能接触到碘，因为它是人体的微量元素之一，可以被添加在食盐中，对人体的健康有益。

碘一般以水溶状态存在，在海水和海鲜中含量较高，但在陆地上的含量就相对很少。

碘的属性如下：

颜色：紫黑色。

熔点：113.7 ℃。

沸点：184.3 ℃。

密度：$4.933 \times 103\ kg/m^3$。

物理性质：容易升华，升华后又容易凝华；能溶于水。

化学性质：有毒性和腐蚀性，遇淀粉会变成蓝紫色；一般能与氯单质反应的金属和非金属均能与碘反应。

作用：可用于制作碘酒、摄影胶片和染料。

小知识

碘识别指纹的原理

每个人的手每天都要接触到很多东西，比如油脂、汗水等，当手指摁在白纸上时，相当于是油脂和汗水这类含有有机溶剂的物质被留在了纸上。

碘具有溶于有机溶剂的特性，所以这时把碘加热，让固态的碘无须经过液化而直接变成蒸气，就可溶解在纸上，然后指纹就会显露出来了。

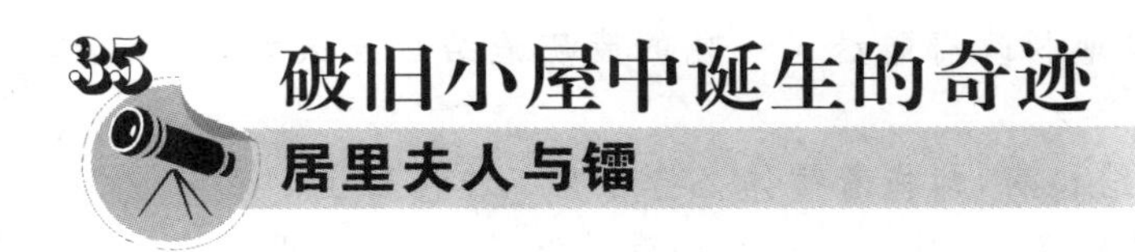

35 破旧小屋中诞生的奇迹

居里夫人与镭

居里夫人

提起化学元素中的镭，就不能不提到居里夫人。

居里夫人是镭的发现者，被誉为“镭之母”，当年她发现镭之后引发了全球性的轰动，各种荣誉和鲜花纷至沓来，一时风头无两。

可是谁又知道，居里夫人发现镭的过程充满了艰辛，其中的辛酸令人唏嘘。

一九八五年，居里夫人与丈夫皮埃尔结婚，这使得本想回到波兰的她留在了巴黎，她没有想到，这一计划的改变让自己在未来成了诺贝尔奖得主。

当时法国物理学家贝克勒尔在一种稀有的矿物——“铀盐”中发现了铀射线，这引发了居里夫人的好奇心，她决心研究出铀射线的来源。

当时还没有为女性化学家提供实验室的先例，好在皮埃尔再三向自己就职的大学提出申请，校方才终于同意将一间无人使用的旧棚屋给居里夫人用。

这个棚屋的玻璃屋顶破损不堪，地面只有一层沥青，屋内的陈设也只有几张泛着霉味的桌子、一块黑板和一个锈迹斑斑的铁火炉，甚至连张像样的椅子都没有。

就是在这间仅有几平方米的陋室里，居里夫人和她的丈夫进行了繁重的工作。

居里夫人发现，铀并非是唯一能放出射线的元素，她随后发现钍的化合物也能放出射线，于是便为这类元素取了一个名称——放射性元素，而她相信，如果元素藏于矿物中，那么矿石肯定也具有放射性。

经过反复提炼，她和丈夫发现了一种未知的元素——钋，钋的放射性要比铀强四百倍，这一发现极大地振奋了居里夫人的心，使得她更加努力地去做自己的实验。

一八九八年十二月，居里夫妇又发现了第二种放射性元素——镭。

可是，按照当时化学界的规矩，只有在提取到新元素的单质，并准确测定其原子量后，才能证明一种新元素的诞生，可是居里夫人手头却什么都没有。不得已，居里夫妇决定将镭提炼出来。

可是他们太穷了，买不起提取镭的矿物铀盐。夫妇二人动用过人的智慧，猜测从铀盐中提取铀之后，镭必定还在废弃的矿渣中，只要找到矿渣，就能提取到镭。

经过他们的一番争取，奥地利政府赠送了一吨的废矿渣给居里夫妇，还承诺，若有需要，他们会提供更多。

当时居里夫人正患有肺结核病，却拖着病体坚持守在工作岗位上。

每天，她拿着一根粗重的铁条，搅拌放有矿石的沸腾溶液，实验室里乌烟瘴气，呛得人不能呼吸，居里夫人却不为所动，直到夜幕降临，才疲惫地收工。

度过了四十五个月的艰难时光后，居里夫人终于提炼出了一克纯镭，而她的体重却整整减少了十四斤。

自从镭被发现后，放射性元素的概念也深入人心，科学界的历史再次进入转折点。一九〇三年，居里夫妇获得了诺贝尔奖，这便是在几平方米的陋室中奋斗四年多的最好奖励。

镭是一种具有强烈放射性的元素，能不断放出大量的热，它的同位素有十三种，其中镭-226半衰期最长，为一千六百二十二年。

镭的名称来自于拉丁文，含意就是“射线”，它存在于铀矿之中，但存量极少，每二点八吨铀矿才含有一克的镭。

镭的属性如下：

颜色：银白色。

熔点：700 ℃。

沸点：1 140 ℃。

密度：6 g/cm^3。

化学性质：能与空气中的氮和氧化合；与水反应能放出氢气；能溶于稀酸。

作用：由于镭能放出 α 和 γ 两种射线，能杀死细胞和细菌，所以在医学上被用于治疗癌症；镭盐与铍粉的混合物可勘探石油、观测岩石组成；镭还是原子弹的原料之一。

小知识

什么是半衰期？

无论哪种元素，它都是有原子的，放射性元素也一样，且它们的原子会源源不断地放出射线。

不过，随着时间的增长，放射的强度会逐渐下降，当强度达到最初值的一半时所需要的时间，就叫作同位素的半衰期。

36 全球最长寿的唱片

黄金的功用

黄金，从古至今便是公认的贵重金属，因其色泽美丽、产量稀少而为人们所喜爱，故一直被当作货币、装饰品而存在。

人们喜爱金子，出了不少佳句，比如“真金不怕火炼”“是金子总会发光”，从这些话里可知，金子确实有不容小觑的地方，要不然怎么会如此珍贵呢！

一九七七年八月二十日，美国向太空发射了一枚行星探测器，名叫“水手十一号”，后改名为“旅行者一号”，因为两周后，美国又再度发射了第二枚探测器——“旅行者二号”。

此次发射，不仅美国人感到激动，其他国家的有识之士也是兴奋异常。

因为旅行者一号是一枚向外层空间进发的探测器，它的目的在于研究太阳系外的星际空间，为地球人了解宇宙打下基础。

此外，科学家们还突发奇想：难道这广袤的宇宙之中，只有地球人这一种高智慧生物吗？会不会有外星文明？

于是，他们便制作了一张唱片，让旅行者一号带入太空。

这张十二英寸厚的唱片以金属铜为原料制造，内藏金刚石长针，包含了五十五种人类语言，连生僻的古代美索不达米亚阿卡德语都包括在内，以便向外星人问好。

此外，唱片里还有一百一十七种动植物的图像和一段九十分钟的声乐集锦，内容包括在地球上的各种自然界的声音和二十七首世界名曲，足以向外层空间展示地球的幽雅风貌。

或许有人会担心，茫茫宇宙，这张铜唱片能保存多久呢？

不用担心，即便探测器没电了，唱片依然能保存下去，因为它的保存期限是十亿年！

为何一张铜唱片的寿命有这么久？那是因为它的表面上镀了一层黄金。

正是因为黄金的稳定性，才能使这张唱片成为全世界最长寿的唱片，也许某一天，在浩瀚的星河中，真的会出现那么一群高级生物，他们拿着镀金唱片，感慨着与自己的家园截然不同的地球文明。

黄金基本上是以单质形式存在于自然界中的，在中国古代，它是“五金”之首，

据《汉书》记载:“金谓五色之金也。黄者曰金,白者曰银,赤者曰铜,青者曰铅、黑者曰铁。”

黄金的属性如下:

颜色:金黄色。

熔点:1 064.18 ℃。

沸点:2 856 ℃。

密度:19.32 g/cm^3(20 ℃)。

物理性质:是延展性最高的金属;能被水银溶解,形成汞齐。

化学性质:能被氯、氟、王水和氰化物侵蚀。

作用:

1. 可作为货币和首饰。
2. 可作为焊接材料。
3. 可用来修复牙齿,在医学上还可用来治疗部分癌症。
4. 金箔或金粉可用作食品及饮品上,如金箔酒。
5. 还可当作超导体,用于电路板上。

小知识

“吞金自杀”是否可靠?

在影视剧中,我们有时会看到这样的镜头:某人吞下黄金,第二天就一命呜呼,这是否说明黄金有毒?

其实,纯金是没有毒的,现代的一些食品,如金色杜松子酒、金剑肉桂蒸馏酒都是以金箔作为添加物的,虽然价格昂贵,但无毒无害。

不过,金的化合物可能对人体有害,古人吞金,若黄金未提炼纯净,会含有一些致人死亡的有毒物质,但也有可能是黄金密度大,下压肠道,令人疼痛而死。

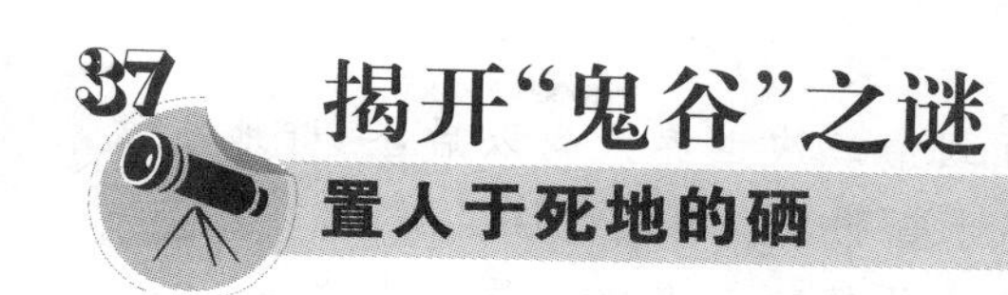

37 揭开"鬼谷"之谜

置人于死地的硒

神秘的山林,人迹罕至的谷地,常给人以无限遐想:此地会不会有猛兽出没?会不会出现奇怪的事情,夺走人的性命?

在北美洲的西北部,就有这样一块令人胆寒的山谷,这里寸草不生,遍地都是动物的尸骨,没有人敢到这里来冒险,附近的村民都称这个地方为恐怖的"鬼谷"。

其实在十五世纪以前,鬼谷里还住着很多印第安土著居民,山谷的空地十分开阔,不远处就是淙淙的小溪,像极了一片世外桃源。

这些印第安人在此处生活了有百年之久,他们刚搬来鬼谷时,这里还人烟罕至,后来他们用勤奋的双手开垦荒地,种上了绿油油的庄稼,经过数十年的不懈努力,终于使荒谷变绿野,让自己过着安居乐业的生活。

印第安族长很高兴,觉得自己的族人会世代繁衍,人丁兴旺,可是某一天,他的儿子却非常痛苦地卧床不起。

当族长跑到病床边时,惊讶地发现儿子的头发正大把大把地往下掉。

这是怎么回事?是神灵在惩罚我吗?

族长痛心地想。

他赶紧向神灵祈求安康。

可惜他的愿望落空了,儿子的病情一天比一天严重,终于有一天,儿子发狂地喊叫起来:"我的眼睛!我的眼睛看不见了!"

族长泪流满面,他觉得肯定是自己做错了什么,让神灵如此降灾于他,于是他整日祈求,恳请神灵高抬贵手。

不久之后,谷里其他的居民也得了同样的怪病,大家都是先掉头发,然后失明,整日痛不欲生。

族里的祭司发话了:"谷里一定有邪灵存在,才会让那么多人得病。"

族长这才惊慌起来,他开始想让部族撤离山谷,这时他的儿子已经病死,而他的妻子、女儿也开始患上同样奇怪的疾病。

可是族里的老人不肯搬迁,他们认为此地是祖辈留下的基业,不能像扔垃圾一样地丢掉。

于是,部族只好在僵持不下的状态中继续留在山谷里。

人们接二连三地死去,最后,族长也得了这种奇怪的病,他在临死前哀叹道:

“这块山谷被诅咒了，天要灭亡我们呀！”

从此，再也没人敢进入这片“鬼谷”，直到第二次世界大战以后，一群地质学家不信“邪灵”之说，进入谷中进行勘探，才终于查明了怪病的缘由。

原来，这里的土壤中含有大量的硒元素，虽然硒是人体微量元素之一，可是人若摄入量太多就会中毒，而鬼谷中的硒透过农作物、水源被人体吸收，导致了印第安种族的灭亡。

硒太多了不行，没有也不行，中国黑龙江省克山县曾流行着一种“克山病”，病人最初口吐黄水，随后心力衰竭而死，死因正是由于缺硒。

硒元素是瑞典化学家贝采利乌斯于一八一七年发现的，随后就在医学界发挥了重要作用。它在自然界中以有机硒和无机硒的形式存在，有机硒是硒透过生物转化与氨基酸结合生成，无机硒则可从矿藏中获得，二者是可以转化的。

硒的属性如下：

颜色：红色或灰色，有金属光泽。

熔点：221 ℃。

沸点：684.9 ℃。

密度：$4.81\ g/cm^3$。

物理性质：脆，能导电。

化学性质：有毒；能与氢、卤素、金属直接发生作用；能溶于浓硫酸、硝酸和强碱中。

作用：能增强人体免疫力，有抗癌、抗氧化、强身健体的功效。

食物来源：主要存在于海鲜、植物种子、动物内脏中。

小知识

吸“硒”大法——紫云英

鬼谷其实是个硒矿场，怎样能提炼出大量的硒来呢？

科学家在鬼谷的空地上种下一种叫紫云英的植物，紫云英在生长的过程中会吸收土壤里的硒，待它成熟时，体内就会聚集很多硒元素。这时候只要将紫云英晒干烧成灰，就能提取到纯净的硒了。

38 一把沉睡千年而不朽的名剑

越王勾践剑与铬

春秋时期，江南的吴国和越国因一位绝世美女而千百年来为人们所津津乐道，美女名叫西施，吴国和越国的国君分别叫夫差和勾践。

当年夫差大败勾践，勾践为了雪耻，就向吴王献上西施，夫差果然沉溺于美色之中，忘了国家大事。

顺便说一句，西施是越国大夫范蠡的情人，范蠡眼睁睁地看着心上人当了别人的金丝雀，不知心中是何滋味。

反正趁着夫差沉醉于声色犬马之中时，勾践展开了一系列的复仇准备工作，其中就包括铸剑这一项。

勾践极其喜爱剑，他命人取来珍贵的矿石，打造出八把绝世好剑，为的就是某一天能用这些宝剑手刃仇人，为越国的百姓出一口恶气。

当时的秦国人薛烛是个宝剑鉴定大师，他也爱收藏宝剑，当他听说勾践手里有八把名剑时，便专程去越国一睹为快。

结果他看完勾践的剑之后，整个人都震惊了，连声赞叹："真是稀世珍宝，稀世珍宝啊！"

从此，勾践的剑名扬天下，被很多人所觊觎，但奇怪的是，当勾践死后，他的那些宝剑竟消失无踪，再未现身江湖。

谁也没想到，两千年后，考古专家在对湖北江陵一座楚墓挖掘时，竟然发现了勾践的一把铜剑！

这把剑为何会在楚国的墓穴里呢？科学家猜测，可能是勾践的女儿嫁到了楚国，剑成了嫁妆；或者楚国征服了越国，剑成了战利品。

令人们惊奇的是，尽管历尽千年，这把宝剑的剑身依旧完整，闪耀着一层金属光泽。

经检测，宝剑的成分为铜、锡、铅、铁、硫等的合金，而刻满剑身的花纹处含有硫化铜，对防锈具有良好的效果。

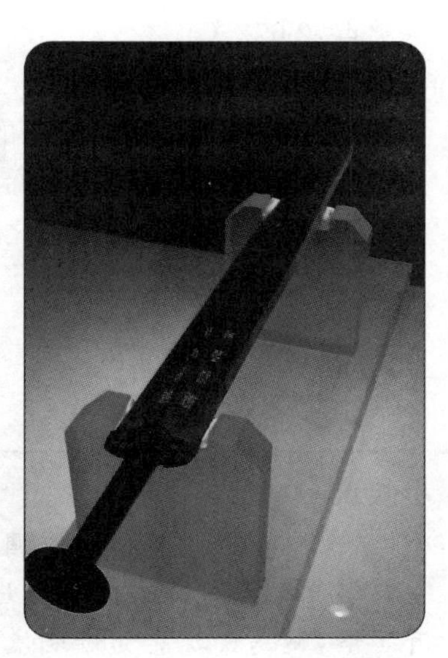

越王勾践剑

但这并非是勾践剑两千年不锈的主因，科学家发现，由于剑身上被镀了一层含铬的金属，宝剑才能一直光亮如新。

这一发现令所有人感到不可思议，因为铬极其稀有，不易被提取，而且它的熔点极高，越国的工匠将铬镀在剑身上，是需要极高的工艺的。

一九九四年，考古界又在秦始皇兵马俑中发现了一批秦代青铜剑，这些剑同样在剑身上镀有一层铬，而且是铬盐化合物。

这一次，世界都为之震惊了。

因为铬盐氧化的方法是直到一九三七年才首度被德国人发明的，而两千年前中国人就掌握了这一方法，足以说明当时的铸剑技术之先进，连今人都望尘莫及！

铬是一七九七年被法国化学家沃克朗发现的，它在岩石中的含量极低，是一种稀有金属。

单说铬，可能大家还不太清楚这是个什么元素，但说起不锈钢，应该众人皆知了。铬就是炼制不锈钢的材料，正是由于它的出现，才给建筑行业增添了很多的便利。

铬的属性如下：

颜色：银白色。

熔点：1 857±20 ℃。

沸点：2 672 ℃。

密度：7.20 g/cm^3。

物理性质：质硬而脆，纯净的铬有延展性。

化学性质：能缓慢地溶于稀盐酸和稀硫酸中，在空气中易被氧化变成绿色。

作用：是人体的微量元素之一；可制作不锈钢。

小知识

糖尿病人的救星——铬

铬能促进胰岛素发挥作用，因为糖尿病人普遍存在缺铬和缺锌的情况，而有了铬，胰岛素就能更好地使人体吸收葡萄糖和蛋白质。

不过铬不能盲目被人体摄取，因为如果量太多，会让人中毒，而人体所需的铬的含量仅为七毫克。

战场上士兵们的救星
吸收毒气的碳

在战争年代，毒气是饱受诟病的一种作战方式。

此种方法会令吸入毒气的人呼吸困难，引发各种皮肤、血液和内脏衰竭问题，还容易伤及无辜，对土地、河流造成污染，所以人们一提到毒气，必然会恨得咬牙切齿。

可是在胜者为王的战场上，谁会因为“仁义”二字而停止血腥的杀戮呢？

在第一次世界大战期间，化学武器已被科学家们研制出来，德国首脑听说这种武器非常厉害，具有大面积的杀伤功能，就大手一挥，命令道：“马上用于战场，查看功效！”

一九一五年四月，在比利时一个名叫伊普雷的小镇上，首批毒气弹投入使用。

那次战役让英法联军吃尽了苦头，但更让他们胆寒的，是从天而降的一百八十吨液氯炸弹。毒气弹轰炸过后，英法联军的战壕里堆满了因中毒而死的士兵，当天共有五千多人被毒死，其余士兵尽管留住了一条命，却也受到毒气的严重侵害，身体出现了严重问题。

一时间，医护室里人满为患，医生和护士忙得脚不沾地，依然无法对所有病人照顾周全。这一切让指挥官道格拉斯·黑格忧心忡忡，他想，万一敌人再发动一次毒气攻击，我们的士兵岂不是伤亡更加惨烈？

有什么办法能阻止毒气对士兵的侵害呢？

黑格茶不思饭不想，整天琢磨这个问题。

一天，他去战壕里视察军情，发现了一个奇怪的现象：随着毒气弹的发射，很多野生动物也不幸被殃及，死在了战场，可是唯独不见野猪的尸体。

不应该呀？黑格暗忖，当初部队开进小镇的时候，他明明在沿途看到过很多野猪。

他忽然感到由衷的喜悦，也许那些野猪能教会士兵们怎么抵御毒气攻击！于是，他急忙派人去附近的树林里寻找野猪，然后观察这种动物的自保之道。

经过调查，哨兵们发现，当野猪嗅到刺激性气味时，它们并没有惊慌失措地四散逃逸，而是迅速将嘴巴插进泥土里，并不停地拱土，尽量将泥土拱得松松的，这样就能逃过一劫。

幸亏德军后来没有再发动毒气战，否则黑格只怕要为士兵们准备泥巴面罩了。

在战争结束后，科学家们得知了这一情况，便研究起泥土来。

他们发现，土壤中含有碳元素，而碳正是对毒气产生了过滤和吸附作用，所以才让那些野猪没有中毒而死。

根据碳的原理和猪嘴的形状，科学家们发明了防毒面具，并不断改良，让如今的人们受益匪浅。如此看来，那些野猪真是一大功臣啊！

碳是非金属元素，也许很多人会将其与木炭等物质混淆，其实二者是不同的。

碳普遍存在于大气、地壳和生物中，是组成地球生命的元老之一，它既能以单质形式存在，如金刚石、石墨等，又能以化合物形式存在，比如大气中的二氧化碳。

其属性如下：

颜色：黑色。

形状：粉状或颗粒状。

熔点：3 500 ℃。

沸点：4 827 ℃。

密度：1.8 g/cm^3。

化学性质：能燃烧，在氧气中燃烧得非常剧烈；可作为还原剂还原金属单质；可抵抗溶解或化学侵蚀。

作用：

1. 它是组成生命的元素之一。
2. 含碳的石油、天然气和煤是重要的燃料。
3. 含碳的纤维素是纺织材料。
4. 含碳的石墨可用作书画材料，并作为润滑剂，也被用作核反应堆里的中子减速材料。
5. 含碳的金刚石可作为首饰、切割金属的工具。

小知识

“吸毒”的碳——活性炭

碳的物质形态有很多种，但只有活性炭是可以吸收有害气体的。

这是由活性炭的结构导致的。活性炭孔多，且孔隙大，所以对异味的消毒作用非常明显，还可以释放氧离子，并能循环使用，节能环保。

纯碳则对人体有轻微的毒性，大量吸入煤炭粉末或粉尘是有害的，容易引发肺病。金刚石磨粉被人体吸入也会有危险。

40 让无数化学家心酸的元素

氟

化学元素中有一个非常妖媚的元素，它就如一位可远观而不可亵玩的美女，引无数英雄竞折腰。

一提起它，相信会令很多化学家感到辛酸不已，因为在接近它的途中，数不清的化学家付出血与泪，用了一百多年的时间终于得到了它。而此时，已经有很多人献出了宝贵的生命，堪称化学史上的惨烈代价。

它到底是哪种元素呢？

原来，它就是如今常被添加在牙膏里，能防虫防蛀的氟。

氟到底有多危险，请看以下一组事例：

◎舍勒用曲颈瓶加热萤石和硫酸的混合物，释放出氟，结果玻璃瓶内壁被腐蚀。

◎化学家戴维想用电解法制造出纯氟，结果金和铂做的容器都被腐蚀了，却没电解出来，他还得了重病。

◎爱尔兰的诺克斯兄弟用氯气还原氟化汞，结果两人严重中毒，三年后才恢复。

◎比利时化学家鲁耶特为提取氟而中毒身亡，不久，法国化学家尼克雷也同样牺牲。

◎英国化学家哥尔在电解氟化氢时发生爆炸，但幸好没发生人员伤亡。

看完之后是否觉得很心惊？

但科学家是一群不畏生死的人，他们明知有危险，依旧会向虎山行，为的就是成功那一刻的无上满足和自豪感。

法国的亨利·莫瓦桑就是这样一位誓要与氟战斗到底的化学家。

一八七二年，他拜在化学家弗雷米教授门下，开始进入实验室工作。

弗雷米对氟的兴趣非常深，因此深谙氟的特性。他企图找到一种不与氟发生作用的物质，可惜始终不能如愿。

有其师必有其徒，莫瓦桑在得知老师的遗憾后也激起了斗志，一门心思要提炼出纯氟。

在经历了一连串失败的实验后，他明白了一个道理：氟的性质本就活泼，在高温状态下更是活跃，而自己的实验都是在高温下进行的，怎能成功呢？

想来想去，他唯有采用前辈们使用的电解法来提取氟。

于是，他去电解剧毒的氟化砷，结果氟没提取出来，倒把砷给炼出来了。

很快，莫瓦桑疲倦地倒在沙发上，呼吸困难，很明显是中毒了。

妻子心疼丈夫，眼见莫瓦桑一次又一次地中毒，忍不住偷偷地擦眼泪，而莫瓦桑最终也无法承受砷的毒性，只能被迫中断了电解实验。

随后，他依旧尝试在低温条件下电解氟化物，只不过这次换成了氟化氢。

亨利·莫瓦桑

他电解了一个小时，只电解出了氢气，连氟的影子都没见着。

莫瓦桑沮丧极了，他灰心地拆卸实验器皿，准备另试他法，这时，他却惊讶地发现玻璃管的瓶塞上覆盖着一层白色的粉末！

那一刻，他差点激动得跳起来！

原来，他提取出了氟，只是氟与玻璃发生了反应，又成了化合物。

明白了这一点后，莫瓦桑赶紧行动，他将玻璃换成了不与氟发生作用的萤石，然后用萤石器皿制得了单质的氟。

一八八六年，人类第一次见到了氟的庐山真面目，而莫瓦桑也因为发现氟的特殊贡献，在一九〇六年获得了诺贝尔化学奖。

由以上故事可知，氟有剧毒，且腐蚀性很强，它虽然在自然界中分布广泛，但主要以萤石、冰晶石和氟磷灰石的形式存在。

氟的属性如下：

颜色：淡黄色。

形状：常温常压下是淡黄色气体。

熔点：−219.66 ℃。

沸点：−188.12 ℃。

密度：1.696 g/L。

化学性质：是最强的氧化剂，能与部分惰性气体在一定条件下反应；一些含氟的化合物具有极强的酸性，如氟锑酸是一种超强酸。

作用：

1. 可分离铀。
2. 合成氟利昂后是制冷剂。
3. 在医学上能临时代替血液，含氟牙膏能预防蛀牙。
4. 能制成坚固的玻璃和光导纤维。

小知识

氟到底对人体有没有益？

电视中经常会播放含氟牙膏的广告，让人引发错觉，以为氟是一种对人体有益的元素。实际上，氟化物是对人体有害的，即便是少量的氟，也能引发人的急性中毒。

诚然，少量的氟对预防龋齿有益，但如果氟的量超标，牙齿反而会脆裂断掉，甚至人的骨骼也会脆化，所以降低饮用水中氟的方法就是煮沸后再喝。

41 厕所里突发的中毒事件

令人窒息的氯

这是一个容易发生在我们身边的故事，相信对大家很有帮助，因为日常生活中一些看起来不起眼的小事，或许会酿成无法挽回的灾祸。

一位中年女士在自己的女儿即将考大学之际，选择离开家乡，在女儿的校外租了一间房子，当了全职陪读妈妈。

房子租过来之后，这位母亲对屋内的摆设都很满意，唯独觉得洗手间太脏了，该打扫一下。

巧的是，她对于风水还有一定研究，认为洗手间是污秽之地，不能脏乱，否则将晦气缠身，影响女儿的学业，便决定去超市买点清洁用品回来好好清洁一番。

到了超市后，她看到消毒剂和洁厕剂同时摆在一块儿，有点拿不定主意，她觉得这两样东西都很有用，一时间不知该怎么取舍。

“干脆都买回去吧，反正都能用！”她心想。

于是，她各买了一瓶，回家后就直接来到洗手间，将洁厕剂和消毒液打开，往地砖上洒。

很快，一股浓烈的气味在洗手间四散开来，这位全职陪读妈妈被呛得连连咳嗽，眼睛也火辣辣地痛。

她心知不妙，赶紧跑出洗手间，可是她仍旧觉得难受，感觉喉咙里像塞了一大团硬物，快要无法呼吸。

这时，女儿恰好放学回家，见妈妈瘫倒在地，顿时吓得尖叫起来：“妈妈，你怎么啦？”

全职陪读妈妈此时已没有力气说话，她一张嘴就觉得喉咙仿佛被撕裂开来一样，有种说不出的痛楚。她只能大口地喘息，可是即便如此，她仍觉得无法呼吸。

女儿见情势不妙，赶紧打了急救电话，请医生将母亲送往医院就治。

经过诊断，医生说妈妈是轻度氯气中毒，住几天院就可痊愈了。

全职陪读妈妈大惑不解，自己又没有接触到氯气，怎么会氯中毒呢？

医生便详细问了她的中毒经过，然后解释道：“你不能将消毒剂和洁厕剂混合使用，消毒剂含次氯酸钠，而洁厕剂含无机酸，混合之后就会产生化学反应，生成氯气。”

全职陪读妈妈一时没听明白，但学过化学的女儿却恍然大悟，提醒妈妈说：“反正以后不能消毒剂、洁厕剂一起用了，会中毒的！”

氯元素常以气体形式存在，有剧烈的毒性，它是一七七四年由舍勒在软锰矿中发现的。由于受拉瓦锡影响，舍勒认为氯气是一种氧的化合物，但此观点遭到了英国化学家戴维的强烈反对，因为后者始终无法从氯气中将氧分离出来。

戴维是对的，一八一〇年，他终于用事实证明氯气是一种单质，从此氯为人们所熟知。

氯气会破坏臭氧，尽管有毒，它的化合物却为人们所需要，那便是氯化钠，也就是食盐。

氯的属性如下：

颜色：黄绿色。

熔点：-101 ℃。

沸点：-34.4 ℃。

密度：3.21 g/L。

物理性质：微溶于水；易溶于碱液和四氯化碳、二硫化碳等有机溶剂。

化学性质：能与绝大多数金属和非金属发生化合反应。

作用：

1. 促进光合作用、调节植物叶片的气孔的开合、抑制植物的疾病。
2. 氯是人体的常量元素之一，天然水中几乎都含有氯。
3. 氯能制作漂白剂、药品、塑料、农药等。
4. 提炼稀有金属。

小知识

如何检验出水中是否有氯？

我们可以通过化学反应来进行检验：

1. 向水中加入硝酸银溶液。
2. 若水中有氯，则银离子会与氯离子反应，生成银白色沉淀。
3. 将沉淀物取出，与稀硝酸混合，若沉淀不溶解，就说明水中有氯。

42 拿破仑的死因揭秘

危害人体的砷

在世界史上，拿破仑是一位鼎鼎有名的人物，他的全名叫拿破仑·波拿巴，是法兰西帝国的最高统治者，也是著名的军事家和政治家。

迄今为止，他的很多名言都激励着世人奋勇向前，比如“不想当将军的士兵不是好士兵”，他也因自己的骁勇善战打赢过很多战争，是战场上的常胜将军。

可惜，花无百日红，拿破仑大概做梦也没有想到，他竟然在滑铁卢战役中惨败，并从此一蹶不振，成为阶下囚。

一八一五年，拿破仑被流放，在接下来短短的六年时间里，他的健康急剧恶化，最终撒手人寰。

有人说，拿破仑是抑郁而终，还有人说他是被政敌谋杀或是被情敌所杀，至于得病而死的说法，也有很多人相信。人们为拿破仑的死因讨论了整整一个世纪，后来利用科学方法终于查明了事实真相。

科学家们采集了拿破仑的头发进行分析，又去当年放逐拿破仑的圣赫勒拿岛进行调查。在拿破仑被软禁的房间里，他们从墙纸上找到了线索，最终得出了一份研究报告，向世人公布杀害拿破仑的真正凶手。

原来，拿破仑死于慢性中毒，而元凶正是化学元素——砷！

砷的氧化物为三氧化二砷，通俗名称叫作砒霜，是一种剧毒物质。可是，如果人食用砒霜，毒性会很快发作，为何拿破仑能撑六年之久？

原因很简单：拿破仑囚室的墙纸里含有砒霜的成分。

圣赫勒拿岛是个充满潮气的海岛，在长年不见天日的环境下，墙纸里的砒霜就生成了高浓度的砷化物气体，危害着拿破仑的身体，经过长年累月的污染，拿破仑终于不治身亡。

拿破仑替跪下的妻子约瑟芬·博阿尔内加冕为皇后

当然，自始至终都没有人想要毒死拿破仑，但老天似乎不给拿破仑生存的机会。据看守拿破仑的狱卒透露，拿破仑在临死之前头发脱落，牙龈暴露，脸色呈现出灰白色，四肢浮肿，并且心脏剧烈跳动，不停地喘息。

而现代法医在化验拿破仑的头发时也惊讶地发现，头发里砷的含量是正常人的十三倍，很明显，拿破仑确实是死于砷的魔爪之下。

提起砷，人们自然会想到砒霜，而砷与它的化合物也是被普遍应用于除草、杀虫之类的种植业上，且往往非常有效。

砷是非金属元素，在自然界中的存量甚广，目前已有数百种砷矿物被发现。虽然砷有毒，但少量的砷却也是人体不可缺少的微量元素。中国的炼丹家将含砷的雄黄视为神药，而时至今日，雄黄仍在人们的饮食中拥有一定的地位，如雄黄酒。

砷的属性如下：

颜色：灰白色，有金属光泽。

熔点：817 ℃。

沸点：681 ℃。

种类：灰砷、黄砷和黑砷，其中灰砷最常见。

密度：1.97 g/cm^3（黄砷）。

物理性质：质脆，能导热，不溶于水。

化学性质：化合物分为有机砷和无机砷，有机砷很多有毒；砷在 200 ℃空气中燃烧时会放出光亮，在 400 ℃时会生成蓝色火焰；砷能和硝酸、王水、强碱化合，形成砷酸盐。

作用：

1. 人体微量元素，曾被用于治疗梅毒。
2. 作为农药使用。
3. 作为合金添加剂，用于生产铅制弹丸、印刷合金、蓄电池等。

小知识

古代神兽与砒霜

在中国古代，貔貅是一种神兽，可招财，但貔貅非常凶猛，据说会吃人，这点和三氧化二砷很像，所以三氧化二砷就得名“砒霜”了。

在认识了砒霜之后，古人对其使用可谓得心应手。

在公元六世纪，北魏农学家贾思勰的《齐民要术》对砒霜的毒性有了记载，并教导农民用砒霜来防虫害；皇帝赐的毒酒，就有很多是含砒霜的酒。

43 生意头脑造就的另一种结局

磷的发现

在近代以前，全世界都在疯狂着迷炼金术，黄金如一个金色的美梦，刺激着人们的神经。

中国人渴望“点石成金”，欧洲人则膜拜实验炼金，他们为了得到黄金，将自己搞得疯疯癫癫，整天在一口大锅中加入各种普通的金属和奇特的材料，然后口中念念有词，希望黄金能一下子蹦出来。

这种做法在现在看来当然会显得很幼稚，但在当时，却是非常时尚的。

一六六九年，德国汉堡的一个商人布朗特也迷上了炼金术，他用自己的生意头脑掂量着，觉得炼金是个一本万利的买卖，而且永远不会赔本。

不过关键问题是到底该采用何种方式得到黄金呢？

就在他冥思苦想之际，一个小道消息忽然传到他的耳朵里：加热人尿，并使其蒸发就能得到黄金！

布朗特大喜，不管三七二十一就行动起来。

他将尿渣、细沙和木炭放入锅中，然后将锅底炙烤，很快，大锅的上方就升起了蒸气，似乎开始发生反应了。

布朗特的加热实验一直持续到晚上，当蒸气终于消失后，他借着微弱的烛光查看锅里的物质。

他发现锅里有种像白蜡一样的东西，虽然不是金光闪耀的黄金，但会自行发出蓝绿色的冷光。

虽然炼金失败了，但布朗特还是非常兴奋，他知道自己找到了一种从未见过的新物质。

由于这种接近于透明的固体发出的光是冷光，布朗特就用“冷光”来为其命名，这就是我们如今所知的元素——磷。

其实说起磷，以前的人们都会想到“鬼火”，当夏天的夜晚，人们在坟地里走动时，会发现有蓝绿色的火焰在追着自己。

没错，那就是磷的自燃。

磷不仅像布朗特发现的那样存在于人体的尿液中，也存在于人与动物的身体里，所以磷对生命体而言，是一种重要的微量元素。

磷也是生命元素之一，据科学家探测发现，它存在于恒星爆炸后的宇宙残余物中。

另外，在地球上，它普遍存在于人与动物的细胞、骨骼和牙齿中，且它是细胞核的重要组成部分，对遗传基因的作用巨大。

此外，磷在脑细胞中以脑磷脂形式存在，能提供给大脑活动所需的巨大能量，总之，磷对人体的作用巨大。

磷的属性如下：

颜色：无色（白磷）、淡黄色（黄磷）、红棕色（红磷）、黑色（黑磷）、钢蓝色（紫磷）。

熔点：590 ℃。

沸点：280 ℃。

密度：1.82 g/cm^3（黄磷）、2.34 g/cm^3（红磷）。

种类：白磷、黄磷、红磷、黑磷、紫磷。

物理性质：有恶臭。

化学性质：白磷和黄磷有毒，而红磷无毒；白磷在高压下加热会变成黑磷；白磷能在空气中发生缓慢氧化，并在一定条件下能自燃；白磷遇液氯或溴会爆炸；白磷能与冷浓硝酸、浓碱液发生反应。

作用：

1. 是构成人与动物的骨骼和牙齿的重要材料。
2. 维持动植物新陈代谢与酸碱平衡。
3. 在军事上被制成白磷弹，沾上皮肤后会一直烧到骨头，非常厉害；此外可作为照明弹使用。

小知识

磷的污染——水质优养化

磷在自然界中多以磷酸盐的形式存在，而随着现代工业的发展，磷酸盐被越来越多地制造出来，排入江河湖海中，引起水藻的大量繁殖，使得水生物因缺氧而大量死亡，这就是环境专家常说的水质优养化现象。

为了控制水质污染，人类应减少污水的排放，此外，日常生活中，我们可以通过使用无磷洗衣粉等方式来保护环境，为生态贡献一己之力。

44 未卜先知的门捷列夫

镓的属性更正

门捷列夫是一位杰出的化学家，他不仅发明了元素周期表，而且还计算出了在他那个时代未被发现的元素的原子量，所以说他能“未卜先知”一点也不为过。

关于门捷列夫的才能，有一个很好的例子能够证明，那就是元素镓的发现。

一八七五年，法国化学家布瓦博得朗在一块闪锌矿石中发现了一条紫色的光线，他觉得很新奇，立刻针对这条不知名的光线进行研究，终于在当年的十一月提取出了一种全新的金属元素，将其命名为“镓”，并在十二月份向法国科学院宣布了此种元素。

此时，布瓦博得朗还沉浸在巨大的喜悦之中，他丝毫没有想到其实在自己研究出镓的属性之前，俄罗斯的门捷列夫已经成功预言在铝元素的下方有一个空位，那正是镓所在的位置，而布瓦博得朗的实验也证明：镓的属性确实类似铝。

就在布瓦博得朗将他的发现公诸于世后不久，他就收到了门捷列夫的信。

布瓦博得朗本以为门捷列夫是来祝贺他的，没想到后者毫不客气，一开始就写道：“尊敬的布瓦博得朗先生，您所说的镓就是我四年前预言的‘类铝’……”

布瓦博得朗冷笑了一下，觉得这位俄罗斯化学家还挺自大，但接下来的话让他笑不出来了：“镓的比重应该是五点九，而非您所说的四点七零，请您再测一下……”

不可能吧？门捷列夫又没有提炼出镓，他凭什么敢肯定地说他对了我错了？一时间，布瓦博得朗觉得难以置信。

几个月前，他是亲手检测过镓的属性的，当时觉得万无一失才宣布了成果，如今这门捷列夫居然斩钉截铁地质疑他的结论，这让他情何以堪？可是，科学家都是以一丝不苟著称的，布瓦博得朗觉得门捷列夫不会千里迢迢将一封大言不惭的信交到他手中，因而也对自己的结论产生了怀疑。

为了给大家一个交代，布瓦博得朗重新走进实验室，再一次测量镓的比重。

结果令他大吃一惊！

原来，门捷列夫的预言完全正确，是自己在测算时出了差错，将结果算错了。

顿时，布瓦博得朗对门捷列夫佩服至极，他赶紧重发论文，并给后者发去一封感谢信，表达自己的感激之情。

镓在自然界的存量很低，但其分布广泛，大多以化合物形式存在于矿石中，就算经过人工提取，一吨矿石也只能采集到几百克的镓，因此是一种稀有金属。

目前世界上百分之九十的镓都是在生产氧化铝的时候，从一种叫“赤泥”的废弃物中提炼出来的，不过它的提取依然十分困难，再过二十几年，镓恐将出现严重短缺。

镓的属性如下：

颜色：灰蓝色或银白色。

熔点：29.76 ℃。

沸点：2 404 ℃。

密度：5.904 g/cm^3。

物理性质：达到熔点时变为银白色液体，但再冷却至 0 ℃时却不会固化；能微溶于汞；能浸润玻璃，不能存放在玻璃容器里。

化学性质：在空气中是一种稳定元素；容易水解；能引起某些生物体的中毒，但尚未对人体有毒性；容易附着在桌面、人体皮肤上，并留下黑色的斑印。

作用：

1. 硝酸镓能治疗某些疾病。
2. 能制造半导体。
3. 能在化学反应中作为催化剂。

小知识

浸润现象是什么？

浸润，打个比方：在干净的玻璃上滴一滴水，水就会在玻璃表面形成一层薄膜，这就是浸润现象，水就是浸润液体。

反之，如果将一滴水银滴在玻璃上，水银来回滚动，却不会在玻璃上留下任何痕迹，就是不浸润现象。

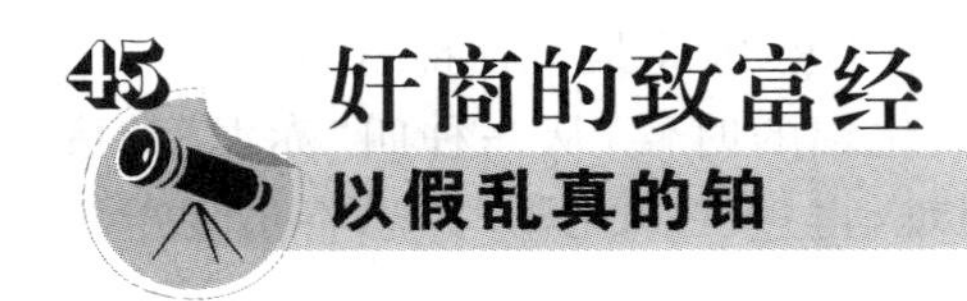

45 奸商的致富经

以假乱真的铂

在古代，世界各国几乎都将黄金和白银作为货币和首饰，在市面上流通，而银的产量稍多，所以流通更为广泛。

与此同时，一些奸商也开始打起了小算盘：如果能找到白银的替代品就好了！

结果，一支前往加勒比海岸的远洋商船还真发现了一种外形上酷似白银的金属，而且耐腐蚀、延展性好，能被随意打造成各种形状，真是一种再妙不过的山寨品了！

不过这种“白银”比真正的银重，如果掂分量的话，就能分辨出真伪了。

尽管如此，奸商们仍旧觉得有利可图，于是他们装了满满一船的“劣质银”，然后偷偷运回了欧洲。

回国后，让“劣质银”物尽其用的最保险方法，就是卖给珠宝商。

于是，珠宝商们在大吃一惊后，欣然用低价买进了这些“劣质银”。

珠宝商自有办法将“劣质银”打造成各种首饰，而且顾客们丝毫没有察觉自己被骗了。

在屡获不义之财后，珠宝商的贪婪之心越发膨胀，他们嫌首饰的流通速度太慢了，竟然雇了工匠，将“劣质银”掺入黄金中假冒黄金。

因为“劣质银”的比重比黄金还要大，所以仿冒黄金更加容易，最后，奸诈的珠宝商胃口更大了，他们居然在“劣质银”里掺入少量的黄金，做成金币来进行交易。

可是这种假金币的颜色实在太淡了，难免让人起疑心。

最后，市面上的假金币越来越多，引起了政府的注意。

官员在查明真相后，将珠宝商和卖“劣质银”的奸商抓获归案，并向国王汇报了此事。

国王大怒，下令将所有“劣质银”倒入大海，又下达命令，要求官员严惩私藏“劣质银”的平民，谁敢违抗，一律砍头。

如此一来，这个国家人心惶惶，谁都不敢跟“劣质银”沾上一点关系，不久之后，“劣质银”就销声匿迹了。

谁知，二十世纪末期，这种“劣质银”竟然成了一种贵金属，与黄金齐名，而且因其稳定的性质和漂亮的色泽，受到了民众的追捧。

它就是铂，一种贵金属元素，古人若能得知铂的价值，是否后悔将铂倒入大海中呢？

也难怪古人有眼不识泰山，因为铂被发现得比较晚，直到一七四八年才被英国人沃森确认为是一种新元素。

在自然界中，铂多以矿藏形式存在，它的别名叫白金，可见人们对其的喜爱程度不亚于黄金。

铂的属性如下：

颜色：银白色。

熔点：1 772 ℃。

沸点：3 827 ℃。

密度：21.46 g/cm³。

物理性质：质软，有延展性。

化学性质：常温下保持稳定，不过溶于王水、碱溶液、盐酸与过氧化氢混合物、盐酸与高氯酸混合物；在高温下易受腐蚀。

作用：除做饰品外，还可制造耐腐蚀的化学仪器；与钴的合金可制作强磁体；在医学中，可用来制造抗癌药。

小知识

一百年前的照明工具——铂丝酒精灯

在一百多年前，有一种灯风行欧洲，并流行了很多年，它就是用铂作为灯丝的铂丝酒精灯。

这种灯是一八二〇年由英国化学家戴维发明的。戴维发现用酒精润湿铂丝后，铂丝能剧烈燃烧，并发出强烈的光芒，于是铂丝酒精灯应运而生。

为什么擦了酒精的铂丝会变得如此炽热呢？因为铂能促进酒精的氧化，相当于是一种催化剂，所以酒精才能发光发热。

46 古罗马走向衰亡的原因

美味的铅

这是古罗马的一个星空璀璨的夜晚，一个贵族家庭正在举行一场盛大的宴会，庆祝一位刚成年的女性贵族维比娅与男贵族马库斯喜结良缘。

由于这个家庭很富有，所以来到会场上的人们惊讶地发现，铅制的餐具竟然如此之多，甚至连酒杯都是铅做的！

“天哪！蒂塔！你是在炫耀吗？连皇帝都该羡慕你啦！”一位肥胖的女宾客用尖细的嗓音夸张地对女主人叫道。

女主人则笑开怀了，指着满桌的铅器皿，假装谦虚地说：“哪里，哪里，我们的全部家当都在这里了，哪敢跟皇室相比！”

然而，心里的得意是藏不住的，在品一口红酒后，女主人忍不住开始借题发挥：“你觉得这酒怎么样？”

肥胖的女宾客马上夸赞道：“我这辈子都不曾喝过这么好的葡萄酒！”

虽然明知对方在恭维，女主人还是心花怒放，她马上指点一番：“这酒是放在铅锅里煮的，时间要煮得特别长，直到酒汁只剩下原来的三分之一才可以，所以味道自然是不同呢！”

说到这里，两个女人爆发出了一连串的假笑。

此时，新娘正在闺房里悉心打扮，她的脸上已经抹了厚厚一层白粉，但她嫌不够，还想让侍女把自己打扮得更白一点。

在当时的罗马帝国，女性是以金黄色的头发、白皙的肌肤作为贵族象征的，所以对美白的追求几乎是所有罗马女性的共同爱好。为了达到这一目的，她们不惜在化妆品中添加了大剂量的铅，因为铅具有使肤色变白的功效。

最终，新娘维比娅在脸上厚厚涂抹了三层之后，才满意地下楼去见宾客了。

当晚，大家都吃得非常开心，全然不知铅已在他们体内沉淀，并成为日后的健康隐患。

这就是罗马当时的状况，由于对铅的毒性一无所知，罗马的官员还用铅做水管，给整个城市铺设排水系统，所以，就算不使用含铅器皿和化妆品的普通百姓也难逃劫难。

就这样过去了数百年，古罗马人的身体越来越差，由于铅中毒，他们出现了便秘、贫血、腹绞痛等一系列疾病，而新生儿更可怜，他们中的很多人都患有痴呆症。

最终，罗马帝国分裂成东西两大帝国，西罗马帝国早早灭亡，而东罗马帝国又坚持了一千年，最后不敌奥斯曼帝国，从此在地球上消失了。

古罗马人喜欢铅，是因为铅质地柔软，可以被塑造成很多形状，而他们大规模使用铅，被认为是导致灭国的主要原因之一。

早在七千年前，人类就会使用铅了，比如在《圣经·出埃及记》里就有对铅的描述，而炼金术士也认为铅可以占卜星相，不过到现代后，人们因为意识到铅的污染而刻意减少了对铅的使用。

铅的属性如下：

颜色：蓝白色。

熔点：327.5 ℃。

沸点：1 740 ℃。

密度：11.334 7 g/cm^3。

化学性质：能溶于硝酸、热硫酸、有机酸和碱液；在空气中易被氧化，在表面生成保护膜，因此其暴露在空气中颜色容易变得黯淡无光。

作用：可制造蓄电池；用作建筑材料和焊接材料；在军事上可被制成弹药。

小知识

铅笔的原料是铅吗？

答案是否定的。

在十六世纪，英格兰人发现了石墨，但当时人们不知道石墨是不同于铅的矿物，觉得用石墨和铅差不多，只是书写的时候留下的痕迹要比铅黑很多，就将石墨叫作“黑铅”，所以铅笔的名称由此而来。

47 夺命水源引发的痛痛病

恐怖的镉

在日本富山县神通川流域，有一段令人不堪回首的往事。

此事从一九五五年一直延续到一九七七年，中间二十多年的时间里，两百多人痛不欲生，身心受到了极大的创伤，最后在病痛的折磨下无助地死去。时至今日，依旧成为当地人心中的一块阴霾。

究竟发生了什么事？又是什么疾病让这么多人痛苦万分呢？

一九五五年，在神通川流域附近突然有些人得了一种怪病，病人们先是各处关节疼痛，而后痛楚蔓延至全身，就宛若成百上千根钢针扎着身体一般。

得病的人为此奔走于各大医院之间，可是医生们却对此束手无策，因为从未有过这种病例发生，他们也不知该用什么药治疗。

病人们非常失望，只好回到家中，祈求病痛能自行痊愈。

可惜数年之后，这种怪病不仅没能消失，反而加重了。

此时病人们的骨骼已经严重畸形，骨头变得特别脆弱，甚至打一个喷嚏，都能让骨头折断。

“这可怎么办呀！农田里还有工作要忙，可是我们站都站不起来了！”病人们整天唉声叹气，可是没有人能帮到他们。

由于怪病对骨头的伤害太大了，病人们最后变得十分凄惨。

曾有一个病人，他全身骨折达七十九处，导致身高缩短了三十厘米，整天佝偻着背，年纪轻轻就形似老人。

当地居民非常恐慌，称这种病为“痛痛病”，为了避免患上这种可怕的疾病，他们到处求医问药，甚至自行服用药品，希望能远离痛痛病。

然而，事与愿违，在二十多年的时间里，不断有人因为忍受不住疼痛而死去，最后大家实在不堪忍受心中的恐惧，要求政府介入，查明病因。

调查专家姗姗来迟，在采集了神通川的水样之后，专家们发现，水体中含有大量的镉元素，正是这种元素进入人体，又无法排泄出去，才导致了痛痛病的发生。

原来，在神通川的河流两岸建有不少锌、铅冶炼厂，厂里排放的污水不经处理就流入了河流中，受到污染的河流又流入稻田中，产生了镉金属超标的镉米，结果对人体造成了极大的伤害。

在弄清楚痛痛病的元凶后，政府开始大力整治排放污水的企业，终于让痛痛病不再危害人间。

镉存在于铅、锌矿石中，矿石被处理后，镉也就被提取了出来。

镉主要聚积在人的肾脏，并阻止维生素D发挥作用，而维生素D则是帮助钙、磷在人体骨骼中沉淀和储存的要素，所以人体摄入镉之后，就会得软骨病。

镉的属性如下：

颜色：银白色。

熔点：320.9 ℃。

沸点：765 ℃。

密度：8.65 g/cm^3。

物理性质：有韧性和延展性。

化学性质：能在潮湿空气中被缓慢氧化；可与卤素、硫、酸化合，不溶于碱。

作用：

1. 可制作合金，如镉镍合金可制造飞机发动机的轴承。
2. 可作为原子反应堆的控制棒。
3. 能被制成颜料、电视映像管的荧光粉、油漆、杀虫剂等。
4. 可制成充电电池。
5. 可作为钢铁、铜的保护膜，但因毒性太大，人们正在逐渐废弃这一用途。

小知识

伤害人体的魔鬼——镉米

目前在中国市场上，约有百分之十的镉米在售卖，这对于人体的健康极为不利。因为稻米是对镉吸收最强的谷类作物，因此人在食用镉米后受到的伤害尤其严重。

镉在人体中聚积后就不容易排出，即使过二十年，镉对人体造成的伤害也仅仅小了一半而已，而可怕的是，镉米的外形无法与正常大米区分，只能在其尚为稻米时期才能看出因污染而生长不佳的情况。

48 重量少了百分之三的秘密

活跃的锂

锂，相信大家都不会陌生，我们的手表、计算机用的电池里都含有锂，在日常生活里，锂是一种非常重要的元素。

不过在十八世纪末期，人们对于锂还是一无所知。

有一天，一个巴西人来到瑞典的一个小岛上，他看到岛屿很小，就到处走走看看，不知不觉就把这座岛屿逛完了。

在返回住所的途中，他发现了一块黄色的石头，以为是什么宝贝，就把它放进了口袋里。

晚上的时候，需要生火，仆人从巴西人的口袋里摸到了黄石，也许因为天黑，石头显得和一般灰色的岩石没什么两样，在左看右看没觉得有什么稀奇之处后，仆人将黄石扔进了火堆中。

一瞬间，火焰猛地升起一丈多高，并发出诡异的深红色火焰。

仆人吓得惊叫起来，巴西人赶紧过来扑灭火焰，但可惜的是，那块黄色的石头早已消失在火堆里。

不过从此以后，瑞典的黄色石头远近闻名。

一八一七年，瑞典化学家阿韦德松仔细研究了这些黄色的石头，通过实验，他发现黄石是由氧化硅和氧化铝组成的，但是，他在计算反应过后的元素总量时发现，氧元素、硅元素和铝元素的总和占整块矿石总重量的百分之九十七。

那么，缺少的百分之三是什么呢？

阿维德松又拿起一块矿石做实验，结果还是一样，他百思不得其解，口中喃喃地说："百分之三，百分之三……"

忽然，深红色火焰的故事在他心头闪过，他眼睛一亮，将氧化硅和氧化铝分别用酒精灯加热，结果发现二者根本就不会放出红色的火焰。

"我知道了，这肯定是一种新元素！"阿维德松兴奋地大叫道。

由于新元素是从石头里被发现的，阿维德松就将新元素命名为"锂"，即希腊语里的"石头"之意，但可惜的是，他无法获得锂的单质，只能知道这是一种非常活跃的元素。

三十年后，德国化学家本生和英国化学家马奇森通过电解氯化锂获得了大块的金属锂，这时，锂才第一次现出庐山真面目，并能作为实验室的材料使用。

由于锂在地壳中的含量不高，而且它的化合物也不多见，所以它的发现比较晚。

在自然界中，锂的矿物有锂辉石、锂云母、透锂长石和磷铝石等，上文的巴西人找到的就是透锂长石。

不过，锂也是人体微量元素，且在动物、土壤、可可粉、烟叶和海藻中都有蕴藏。

锂的属性如下：

颜色：银白色。

熔点：180.54 ℃。

沸点：1 342 ℃。

密度：0.534 g/cm^3。

硬度：0.6。

鉴定：将物质放入火中，若火焰呈深红色，则说明该物质中有锂元素。

物理性质：是自然界最轻的金属，比油都轻；质软，可以用刀切割。

化学性质：非常活跃，所以需要存放在液体或固体石蜡、白凡士林中；可溶于液氨；很容易与氧、氮、硫等化合。

作用：

1. 可用于原子反应堆的热核反应中；可制成炸弹。
2. 可制成润滑剂、助溶剂、脱氧剂、脱氯剂。
3. 可制成数字产品的电池，是高能储存介质。
4. 可制造电视机映像管。
5. 能改善人体造血功能，提高免疫力，预防心血管疾病。

小知识

一夕受宠的贵妃——锂电池

在人类历史的很长一段时间里，锂都像一个深居宫中不得皇帝宠幸的宫女，得不到人们的重视。

好在随着工业的进步，锂作为优质能源的优点很快得到了“皇帝”的青睐：用锂电池发动汽车，行车费用只占普通汽油发动机车的三分之一，而在发动原子电池组方面，用锂制造出氚，中途无须充电，可不间断工作二十年。

如此高质量的“贵妃”，怎能不扶正做大呢？

49 回龙村的“鬼剃头”事件

喜爱毛发的铊

俗话说：“天有不测风云”，相信谁都不希望平白无故让自己遇上倒霉事，况且有些不幸的事情，若能避免，还是尽量避免。

在中国贵州，有一个叫回龙村的山寨，寨中男女都是苗族人，所以就有个自古以来流传下来的风俗：女子要留一头长发，并且头发越长的女子，在当地人的心目中越美丽。

至于未婚的女子，头发对她们的意义就更大了，她们平时都将长发盘成发髻顶在头上，如果遇到心仪的男人，就会在对方面前将长发披散下来，若男子喜欢姑娘的这一头青丝，便会为她梳理长发，两个人就相当于私订终身了。

巧妹是寨子里的头号美女，在十六岁那年，她的爹娘便准备给巧妹说一门好亲事，然后风风光光地把女儿嫁出去。

消息传开后，寨子里的未婚男青年个个跃跃欲试，连邻寨的青年都开始往回龙村里跑。

男人们整天在巧妹的家门口转，希望哪天巧妹能在自己面前放下一头如丝的长发，然后对着自己笑靥如花。

可是巧妹很矜持，就是不肯将头发放下来，青年们便想出一个主意：在河边等巧妹洗头发，这样一来，连放下头发的那一步都做到了，只要巧妹同意，就可以为她梳理头发啦！

然而，青年们失望地发现，巧妹在洗过几次头之后，就再也不去河边了，更糟糕的是，她几乎寸步不离家门，似乎不想见人。

这下，青年们可是百爪挠心，苦思自己是否做错了什么事惹得巧妹不高兴，可是他们想了又想，依然没有答案。

毕竟，他们只敢远远地看着她，都羞于跟她打招呼呢！

接下来，更奇怪的事情发生了，不只是巧妹，连寨中的其他姑娘都很少出门了。

邻寨的青年疑惑不已：难道这里的女人已经害羞到这种地步了吗？

有一天，这个谜题终于解开：大家发现，在寨中走动的男人，头发竟一簇一簇地往下掉。

这时人们才知道，原来巧妹不是因为羞涩，而是她那一头美丽的秀发已经脱落得所剩无几，整天坐在家中痛哭流涕呢！

莫非这就是传说中的“鬼剃头”？附近的人们得知此事后，吓得纷纷逃离了回龙村，而回龙村里的居民也苦恼不已，不知到底该怎么化解这一危机。

为何回龙村里的男女会掉头发呢？

科学家后来调查发现，在回龙村河流的上游，有另外一个村寨，那里的居民喜欢用一种红颜色的矿石当柴做饭，而矿石烧剩下来的灰就倒进河里，顺流而下，进入了回龙村居民的身体里。

在那些灰烬中，有一种叫铊的元素，会妨碍人体毛囊中角质蛋白的生成，所以时间一长，头发就自然而然地掉落了。

与其造成的危害不同的是，铊的英文含意非常小清新，意思是“嫩芽”，因为科学家在光谱中发现它时，它正披着一抹新绿的色彩，看起来赏心悦目。

但是，铊的毒性是毋庸置疑的，它能被制成一种非常高效的灭鼠药，属于剧毒高危险重金属。

铊的属性如下：

颜色：白色。

熔点：303.5 ℃。

沸点：1 457 ℃。

密度：11.85 g/cm^3。

化学性质：室温下，铊的表面能在空气中生成一层氧化膜；能与卤族元素反应；高温时，能与硫、硒、碲、磷反应；能迅速溶解在硝酸和稀硫酸中。

作用：可作为电子管玻壳的黏结；其化合物可做催化剂，但对人体有毒；铊的放射性同位素铊-201能诊断各种疾病，包括癌症。

小知识

清华女生朱令中毒案——铊的危害

铊的产量非常稀少，但对人体的伤害极大。

也许大家对铊的危害仍不清楚，但说起清华女生朱令的中毒案，可能会有所了解。

一九九四年朱令突发怪病，腰部、四肢关节痛、头发全部掉光，第二年被检测出铊中毒。医院虽帮朱令排出了毒素，但严重的后遗症却将影响朱令的一生，至今，朱令仍行动不能自理，而投毒者始终逍遥法外。

50 “吃人”的银色链子

铱-192

聪明人都知道，小便宜不能贪。

或许有人会问：如果不是小便宜呢？

答案依然是：同样不能贪。

可惜，一个叫王成的人不懂得这个道理，结果付出了惨痛的代价。

在二十世纪九十年代，王成是中国东北一个化工厂的工人，他每天的工作简单而又繁重，就是给工厂做清洁工作，勤勤恳恳地打扫环境。

要不是突如其来的一个发现，王成可能会一直工作到退休，但造化弄人，他的人生在一个傍晚发生了巨大的转折。

那天，他因为一点琐事下班晚了，当他即将离办厂的时候，所有的工人都已走光。王成见走廊的灯一明一灭，心中升腾起不祥的预感，连忙加快脚步，匆匆地收拾准备回家。

就在他倒完最后一桶垃圾时，他突然发现垃圾堆里有什么东西在闪闪发光，于是好奇心大起，将那发光物捡起，仔细一看，原来是一条银色的链子。

王成觉得这链子挺好看，而且还能发光，说不定是什么宝贝，便如获至宝，将链子放入裤兜里，然后哼着小曲回家了。

即使回到家中，他也没有立刻将链子取出来，而是一直忙到吃完饭，才取出来细细观赏了一番，放在床头柜子里。

但是，可怕的事情发生了！

当王成即将躺在床上休息时，忽然感觉自己的双腿不能动弹了！

他大吃一惊，用手按着双腿，拼命揉捏，可是腿部肌肉却始终没有反应。

糟糕，该不会是被脏东西附体了吧！

王成越想越担心，却丝毫没有想到那“脏东西”有可能就是那条银色的链子。

他想打电话，谁知脚刚着地，身体就结结实实地往地上栽去。

王成痛得龇牙咧嘴，心中的恐惧被无限放大，他扭动着身体，一寸一寸地挪向电话机，终于摸到了听筒，给医院打了急救电话。

到医院以后，医生们发现王成的病情非常严重，需要截断双腿，否则性命不保。

第二天，整个化工厂在得知王成重病的事情后，工人们纷纷叹息王成不该贪小便宜，捡了一条吃人的链子。

很快，此事惊动了化工厂的领导，领导觉得不对劲，赶紧调查此事。

调查过后，果然出事了：厂里的一条报废的铱放射源昨晚不见了，看来是辗转到了王成的手里。

有了王成的前车之鉴，工厂加强了对垃圾的检查，从此避免了类似情况的发生，只可惜王成的双腿不能因此而复得，实在是一大悲剧！

故事中具有放射性的铱就是铱的人工放射性同位素铱-192，它与它的两位兄弟铱-191和铱-193都属于铱元素，只是后两者都没有放射性，且在地球上天然存在。

铱的含意也很美丽，是拉丁文中的“彩虹”，它是一八〇三年英国化学家坦南特、法国化学家德斯科蒂等人用王水溶解粗铂时，从残留在器皿底部的黑色粉末中发现的。铱在地壳中的含量很少，主要存在于锇铱矿中。

铱的属性如下：

颜色：银白色。

熔点：2 410±40 ℃。

沸点：4 130 ℃。

密度：22.56 g/cm^3。

物理性质：质硬而脆，在加热时具有延展性，膨胀系数极小。

化学性质：是最耐腐蚀的金属；只有海绵状的铱才会缓慢地溶于热王水中；只能在熔融的氢氧化钠、氢氧化钾和重铬酸钠中稍微溶解。

作用：用于制造科学仪器、飞机火花塞、钢笔尖、电阻线、国际标准米尺、千克原器等。

小知识

魔鬼垃圾

这个名词是对各种危害极大的垃圾的总称，一般来自于矿山、化工厂和医院。若魔鬼垃圾不能及时清理，会对人体和环境造成严重的损害，它能使人中毒、诱发炎症或癌症。魔鬼垃圾中还有多种有毒元素，如砷、汞、镉、铅等，都是对人体健康的极大考验。

51 疯子村的秘密

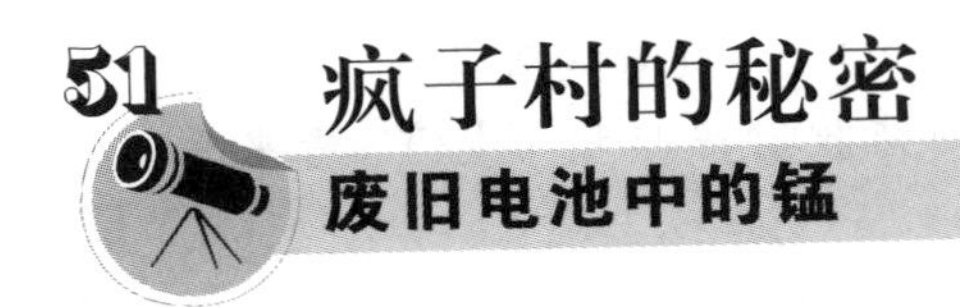

废旧电池中的锰

工业社会在发展初期总是以牺牲环境作为代价的，可惜当时的人们不知道环境污染的危害，结果演变成可悲的事件，在几十年甚至几百年后无言地告诫着后人。

二十世纪三十年代，日本正处于大力发展机器大工业时代，人们用上比较简单的电器，生活似乎比以前便捷了很多。

当时，在一个偏远的村子里，突然发生了一件非常奇怪的事情。村子里有十多位村民在一夕之间精神失常，他们一会儿沉默不语，一会儿唠唠叨叨，一会儿哭哭啼啼，一会儿放声大笑，吓得邻居们都不敢外出走动。

其他正常的村民都觉得匪夷所思：前几天和那些发疯的人交谈时，他们还好好的，怎么说疯就疯了呢？

有些人不免幸灾乐祸地说："肯定是他们干了坏事，上天要惩罚他们！"

结果，过了一段时间，那些说风凉话的人，竟也离奇地发疯了。

村长担心那些疯子会闹事，就组织了一群人，将精神失常的村民隔离了起来。

本来这个村庄还挺热闹，大家整天欢声笑语不断，可是现在却换了一副模样，白天死气沉沉，村民们说话、做事都非常小心，仿佛怕被谁监视一样。

而到了晚上，万籁俱寂的时候，发疯的村民就在隔离区疯狂地哀嚎，那声音划破天际，让听到的人都觉得自己也快要发疯了。

隔离也无法阻止疯病的传染，又有人陆续精神失常，村长担心再这样下去，村子要改名叫"疯子村"了，他终于下定决心，将发疯的人送往县城的精神病院。

由于精神失常的人实在太多，精神病院的医生们都觉得很震惊，他们觉得此事有蹊跷，连忙向政府部门做了汇报。

警察局和医院立刻派出一个研究调整小组，前往"疯子村"查探实情。

医生们对病人的家属做了详细的询问工作，还检查了那些病人的身体，最后得到了一个出乎意料的结论：村民们发疯是因为锰中毒，在他们体内，金属锰离子的含量比一般人要高出好几倍。

那么，这些锰是从哪里来的呢？又是怎样进入村民身体里的呢？

在检测过当地的水源后，答案很快揭晓。

原来，当地人用完干电池后从不做回收处理，而是将报废的电池往水井旁边一扔了事。天长日久，废电池中的二氧化锰就变成了可溶性的碳酸氢锰，渗透到井水里，村民们的生活用水都是井水，所以村子里才会出现发疯事件。

锰是一种金属元素，是一七七四年由瑞典的化学家舍勒在一块软锰矿石中发现的，而在此之前，化学家们还以为软锰矿中只有锡、锌等元素。

锰在地壳中分布广，而且在海底的矿藏也很丰富，它的属性如下：

颜色：灰白色。

熔点：1 244 ℃。

沸点：1 962 ℃。

密度：7.44 g/cm^3。

物理性质：质坚但很脆。

化学性质：常温常压下较稳定，但在高温时易被氧化；容易与稀酸反应。

作用：

1. 可以制造特种钢，当锰在钢中的含量为百分之二点五～百分之三点五时，钢脆得像玻璃，但若锰的含量超过百分之十三，钢铁会变得又坚固又有韧性。
2. 可作为钢铁的去硫剂与脱氧剂。
3. 可在实验室中作为催化剂。

小知识

锰中毒症状分析

至今为止，医学界并没有明确锰中毒的诊断指标，而锰中毒症状跟神经衰弱、精神病、老年痴呆等疾病有相似之处，所以只有那些有可能接触过锰，且被排除其他病因的病人才会被确诊为锰中毒。

锰中毒有什么症状呢？

初期：手指震颤、精神亢奋；

中期：四肢乏力、记忆力衰退；

后期：四肢僵死、精神异常，呈现疯癫的症状。

52 守财奴的黄金梦

充当骗子帮凶的汞

在北宋时期，茅山脚下的一个村庄里住着一位土财主，他特别喜欢点石成金的故事，也希望自己能从石头里变出黄金，好拥有大量的钱财。

大家都知道土财主的心思，想笑他痴心妄想，又不敢吱声，怕受到打击报复。

土财主为此想了不少办法，他自己在家中支起一口大锅，然后天天挖空心思研究炼金的方法。

他派人到处去山里挖矿，可是挖回来的石头总是炼不出黄澄澄的金子，这让他非常灰心。

有一天，村里来了一位道士，他一进村就径直往土财主家里走去。

土财主见家里凭空冒出个道士，有点惊愕，还以为出现了什么妖魔鬼怪，就诚惶诚恐地问道："道长，别来无恙？"

道士捋着长长的胡须呵呵一笑，说："听闻施主很喜欢炼金术，贫道特来讨教一下。"

土财主见来了一位同道中人，顿时兴奋起来，摇头晃脑地把自己如何钻研，却又屡屡失败的事情原原本本告诉了道士。

哪知，道长居然哈哈大笑，责备道："你也太贪心了！哪有石头能炼出金子来的呀！要想炼金，不花点代价怎么行？"

土财主一听，知道有戏，急忙凑到道士面前，欣喜地问："道长有好办法？"那道士也不详说，只让土财主跟着自己来到炼金的大锅旁。

他先叫土财主点燃大锅，然后在锅里放入一些草木灰，接着，他拿出一块银白色的金属，对土财主说："施主看好，我现在将一块银子放进去，过会儿出来的，就会是一块金子！"

土财主听说他一心渴望的金子要出现了，立刻两眼放光，站在大锅旁目不转睛地看着。

大锅烧了好几个时辰，土财主也看了好几个时辰，终于，木柴烧完了，道士也慢悠悠地从外面回来了。

土财主急忙拉住道士，激动地说："道长！金子呢？"

"施主莫急！"道士微微一笑，用手在锅里一捞，居然真的捞出一块闪闪发光的黄金来！

土财主喜不自胜，捧着金子连连赞叹："道长真是天神下凡啊！能否再帮我多变些金子？"

道士一口答应："你家里有多少银子，我就能变出多少金子！"

土财主大喜过望，将自己积攒了一辈子的银两全数交给道士。

哪知道士借口要休息一晚，第二天天还没亮就将所有的银子悉数卷走。

土财主这才知道自己遇到了骗子，气得一口鲜血涌到嘴边，翻了两下白眼，就一命归西了。

其实，道士第一次"炼金"时所展示的金属根本就不是银子，而是一种叫"汞齐"的化合物。

道士将金子溶于汞中，得到了银白色的汞齐，然后又加热汞齐，使汞变成蒸气，这样金子自然就"炼"成了。

炼丹图

中国的古籍《天工开物》中说，水银能将金、银消化成烂泥状，实则就是说汞能溶解金、银，并形成汞齐。

汞齐被称为软银，若汞的量不是很多，则汞齐为固态；若汞较多，则汞齐为液态。

中国的炼丹术士将汞齐作为长生不老药看待，可能就是因为汞齐容易出现固态的缘故。

汞的属性如下：

俗名：水银。

外形：室温下为银白色闪亮的金属液体。

熔点：-38.87 ℃。

沸点：356.5 ℃。

密度：13.59 g/cm^3。

物理性质：能与大部分金属形成合金，即汞齐。

化学性质：能与硝酸和热浓硫酸反应；微量液体汞一般无毒，但汞蒸气与溶解度较大的汞盐有剧毒。

作用：

1. 在医学上有助排泄，具有消毒的功效，汞齐能填补牙齿。

2．生活中可用于制造温度计、汞蒸气灯、杀虫剂、防腐剂、水银开关、望远镜和眉笔。

3．汞能冶炼金属。

小知识

真有点石成金的技术吗？

若能点石成金，则“石”肯定是矿石，所以若想点石成金，则需要用汞来“点石”。

方法是：利用汞能与金形成汞齐的性质将黄金提取出来，然后加热汞齐，汞变成蒸气后挥发，纯净的黄金就能出来了。

53 神奇的救命泉

人体不可或缺的矿物质

在一望无际的大草原上，生活着骁勇的蒙古人，在很久以前，蒙古大草原还是奴隶主统治的天下，奴隶们没有地位，过着极为艰苦的生活。

有一天，一个蒙古族王爷要去打猎，带着一大群骑士，同时命令一个年方十五岁的奴隶做跟班，去捡那些中箭的猎物。

狩猎队行走了许久后，终于在一片胡杨林里发现了一只梅花鹿，王爷立刻张弓射箭，随着手起箭落，梅花鹿单膝跪地，眼看已唾手可得。

王爷大喜，连忙命令小奴隶："快给我捉过来！"

小奴隶不敢怠慢，急忙向鹿飞奔而去。

但是此时，梅花鹿忽然踉跄地站起，拼命向远处逃去。

小奴隶暗叫不好，加快了步伐，可惜他毕竟年轻，跑不过那头矫健的雄鹿，结果只能两手空空、忐忑不安地回来了。

王爷怒不可遏，抬手打了小奴隶一鞭子，骂道："一头受伤的畜生都比你跑得快！你这个没用的东西，还不如拖出去喂狼！"

还没等小奴隶争辩，王爷就下令打断他的双腿。

可怜的小奴隶痛得发出一连串哀嚎，整个草原死寂了一般，似乎都在为之动容。

侍卫们将断了双腿的小奴隶扔到野外，然后策马离去。

小奴隶疼痛难忍，又害怕一到晚上会有狼群出没，到时自己可就没命了。可是又能怎么办呢？只好拖着鲜血淋漓的断腿，在草原上无助地爬着，不知过了多久，竟来到一处泉水边。

这时，一只身上流着血的梅花鹿跑到泉水边，往水中奋力一跃，洗起澡来。

蒙古贵族

小奴隶认出这头鹿的伤口是箭伤，他顿时疑惑起来：为什么这头鹿一点也不虚弱，反而好像很有精神的样子？

后来梅花鹿上了岸，显得越发精神，奴隶更加好奇了，忍不住用双手捧起泉水，喝了几口。

泉水非常甘甜，令他顿时感觉精神一振，似乎痛楚减轻了许多。

小奴隶兴奋起来，又喝了好几口泉水，然后掬起泉水淋到自己的伤口上。

……

该是小奴隶命大，他在夜晚并没有遇到狼群，而在白天他又不断用泉水清洗伤口，就这样过了半个月，他的断腿竟奇迹般地痊愈了！

这便是蒙古人流传至今的阿尔山宝泉的故事，而“宝泉”之所以有这种神奇的功效，全因水里含有对人体有利的众多矿物质，如钙、铁、锌、钾等。

这些也是人体必需的元素，有了它们，人才能健康茁壮地成长。

人体里的元素有很多，分为宏量元素和微量元素。占人体总重量的万分之一以上的元素，就是宏量元素，如碳、氢、氧、磷、硫、钙等；而万分之一以下的元素就是微量元素。

目前已知的与人类健康有关的微量元素有十八种，其中必需的微量元素有八种，分别是铁、铜、锌、钴、钼、硒、碘、铬，这些元素维持着人体的新陈代谢，极为重要。

小知识

人体矿物质的作用

氧：是人体含量最多的元素，在矿物质中占百分之六十五，能促进血液循环。

钙：强壮骨骼、调节心跳频率和加速血液凝固。

铁：输送氧气，缺少它人就会贫血。

锌：能防止动脉硬化、抗癌，缺少它人容易得侏儒症、皮肤病。

钠：维持体液平衡。

氟：促进血红蛋白的形成，同时促使钙在骨骼和牙齿中积聚。

碘：可预防甲状腺肿大。

镁：可使肌肉有弹性。

硒：能使人长寿，预防疾病。

钼：能促进牙齿的矿化，预防龋齿。

第三章

神秘莫测的化学作用

54 当狼爱上羊

神奇的氯化锂

狼是一种十分凶残的动物,常组成群体对人或其他动物进行攻击,即便是有经验的牧民,也对狼心存畏惧。

这种心理可以从古代的寓言和童话故事中看出来,比如中国的《狼来了》,国外的《小红帽》,都对狼的贪婪和凶恶本性有淋漓尽致地揭露。

在北美的中部,有着广袤无垠的草原,当地水草肥美,羊成长得格外迅速,因而狼群也从未缺过口粮。

当地的牛仔对狼群真是恨之入骨,他们勤练骑术和射击,一看到狼就恨不得杀之而后快。

一开始,狼并不知道火药的威力,被射杀了很多,可是后来这些野兽竟然学聪明了,懂得躲避弹药的攻击,这使得人们对狼的捕杀就更困难了。

由于不敢到远一点的地方去放牧,时间一长,牛仔们聚集的地方环境就没那么好了,牛羊因为草料不足,比过去瘦了一大圈,让牛仔们很着急。

有一个勇敢的牛仔不想被狼吓住,就赶着他的牛羊去了远方,结果当晚他回来时脸色惨白,腿也断了一条,刚到镇上就昏了过去,而他的牛羊也少了好几只。

从此,再也没人敢去危险的地方放牧了。

可是牧民以放牧为生,若不能将牲畜喂养得很好,还怎么维持生计呢?

一时间,牛仔们个个愁眉不展,不知如何是好。

一个见多识广的牛仔这时提议道:“不如我们去请政府来帮我们想想办法吧!”

其他人抱着试一试的心情同意了他的想法。

于是,大家联名给州长写信,请求州长帮忙应对狼群。

州长非常重视这件事情,找了几个科学家,委托他们解决问题。

几天后,科学家们来到了草原,他们并没有设置陷阱,也没有改善枪支弹药,而是拿着一桶桶的肉,到处往草原上扔。

牛仔们啼笑皆非,揶揄道:“他们不会是想把狼喂饱,好让狼以后不来吃羊了吧?”

没想到,狼后来真的不再吃牛羊了!

牛仔们啧啧称奇,不明白究竟是何道理。

这时,科学家告诉他们,那些扔到草原上的肉里加入了氯化锂,狼吃了以后会很快因消化不良而肚子胀痛，只要多给它们吃几次氯化锂，狼就会慢慢戒掉吃牛羊肉的习惯了。

更妙的是，母狼如果不吃什么东西，它的幼崽就会跟着学习，也回避那些东西，所以狼群吃牛羊的传统从此就要被改写了。

牛仔们听完恍然大悟，一再对科学家表示感激，有了氯化锂后，狼再也不会对牛羊造成威胁，当地的畜牧业得以发展壮大起来。

氯化锂是锂的化合物，属性如下：

外形：白色的晶体。

熔点：605 ℃。

沸点：1 350 ℃。

物理性质：遇水速溶，溶液呈中性或微碱性；在遇到乙醇、丙酮、吡啶等有机溶剂时也会发生溶解，不过它很难溶于乙醚。

作用：可制造出金属锂；用作焊接材料和水泥原料；可用于生产锂锰电池的电解液；可作干燥剂、助溶剂和催化剂。

小知识

曾被当成食盐的氯化锂

在饮食界，氯化锂还曾经有一个重要用途：二十世纪二十年代，它曾作为食盐的替代品。

可是后来人们发现，食用氯化锂后会产生多尿、烦躁、嗜睡、胃肠道不适等多种症状，便停止了对氯化锂的服食。

原来，氯化锂有毒性，能影响人的中枢神经，虽然可作为抗精神病的药品，但绝对不能当调味料食用。

55 巧藏诺贝尔奖章

王水骗过纳粹追捕

尼尔斯·玻尔是二十世纪最重要的物理学家之一，关于他有很多趣闻，比如说他是丹麦国家足球队的守门员，并参加了一九〇八年的伦敦奥运会，获得了银牌。

然而事实并非如此，玻尔虽然酷爱足球却没有那么辉煌的体育业绩。

不过，最著名的趣闻还是和他的诺贝尔奖章有关。

玻尔在一九二二年获得了诺贝尔物理学奖，后来因为德国占领了丹麦，他被迫离开自己的祖国。

临走之前，玻尔并没有把自己的诺贝尔奖章带走，而是用王水将奖章溶解，放在了实验室。

第二次世界大战之后，玻尔回到丹麦，将黄金从王水中提取了出来，重新铸成奖章。

其实，玻尔的奖章并没有被溶解，溶解奖章的也不是玻尔。

原来，在第二次世界大战期间，德国的诺贝尔物理学奖得主冯·劳厄和弗兰克同时得到消息说，纳粹政府要没收他们的诺贝尔奖章。

当时，冯·劳厄因激烈反对纳粹而受到纳粹攻击，弗兰克则因为是犹太人而于一九三三年离开德国到美国避难。

对把荣誉看得比生命还重要的他们而言，无疑是不可接受的。

尼尔斯·玻尔

在离开德国之前，他们便辗转来到丹麦，将他们的奖章交给玻尔实验室代为保管，以避免纳粹警察的搜捕。

后来，纳粹德国占领了丹麦，那两枚奖章再次陷入危险之中。

为了避免被纳粹警察搜走，瑞典辐射化学家乔治·赫维西用王水将两人的奖章溶解，然后把装着溶解液的瓶子放在玻尔实验室的架子上。

果然，前去搜查的纳粹士兵没有发现这一秘密。

战争结束后，"消失"在王水里的黄金还原后被送到了诺贝尔奖总部——瑞典斯德哥尔摩斯。相关人员在进行充分调查取证后，很快复制出了两枚跟原来一模一样的奖章，并物归原主。

对黄金稍有了解的人都知道，它的化学性质很稳定，即便是有强腐蚀性的硫酸，都拿黄金一筹莫展。然而用浓硝酸和浓盐酸按一定比例混合而得到的王水，却能够溶解黄金，可见王水的威力。

虽然玻尔溶解奖章的事情纯属张冠李戴，但是玻尔的贡献和人格魅力是毋庸置疑的。他在哥本哈根的玻尔实验室，成了犹太科学家们的避难所。而且最后，他也来到美国，参与了原子弹的制造，为打败法西斯贡献了自己的力量。

玻尔天资聪颖，上帝仿佛也特别青睐他，让他在逃离丹麦时两次从鬼门关前逃过：

第一次：德国占领丹麦后，德国物理学家海森堡立刻去丹麦与玻尔切磋学术理论，结果海森堡激怒了玻尔，让玻尔动了离开丹麦的念头，因此使他避免了被德军扣留的悲剧；

第二次：他在逃亡期间，从瑞典坐了一架小飞机去英国。由于怕被德军发现，飞机的飞行高度非常高，结果玻尔不知是因为忘带氧气罩还是面罩尺寸不合适，竟晕倒在飞机上，幸而落地后他恢复了知觉。

小知识

王水为何能溶解黄金?

王水是一种溶解性特别强的溶液，是浓盐酸和浓硝酸的混合物，体积比为三比一。

王水是少数几种能溶解金子的酸，这是因为它含有高浓度的氯离子，能与金离子形成稳定的铬离子，所以黄金在王水中能被溶解。

56 曾是夺人性命的杀手

火柴的发明

在现代社会,火柴是很寻常的东西,而且也有很多代替它的物品,如打火机,而火柴原有的用途也逐渐被淡化,成了一种身份的象征:当一个绅士点燃一根雪茄时,划一根长火柴,尽显优雅与奢华。

一八二六年,英国一个叫沃克的医生突发灵感,他利用摩擦生热的原理制造了历史上的第一根火柴。

沃克将树胶混合水后产生的膏状硫化锑,与硫化钾一同涂抹在火柴梗上,然后用砂纸夹住火柴梗,一拉,火就点燃了。

不过砂纸是用手捏的,意味着一不小心,火燃起来了,手也烧着了,而且火柴梗上的化合物不能涂抹得太少,否则火就烧不起来,所以人们还是很苦恼。

四年后,法国的化学家索里尔在研究白磷时灵机一动,他将白磷制成了火柴头,然后在砂纸上摩擦就能点火了。

索里尔让其他人试用自己发明的新型火柴,得到了一致好评,于是这种白磷火柴很快就在人群中风靡起来。

某个晚上,巴黎的一家杂货店里突然冒起浓烟,继而浓烈的火光从屋里冒出来,将大半条街道的上空映得通红一片。

警方怀疑有人纵火,赶紧介入调查。

结果令所有人惊讶:纵火犯竟然是只老鼠!

原来,老鼠在啃火柴的时候,居然也摩擦生热,让火柴着了火。因为白磷特别容易自燃,所以才会发生这起灾难。

此事发生后,不免人心惶惶,人们对火柴进行了严密的储存,以防自己也遭遇此等灾祸。

但随后而来的一件事让人们再也不能镇定了:一个火柴厂工人的颌骨烂掉了,最后不幸身亡。

医生分析了病因,认定:是白磷在燃烧时放出了毒烟,导致这个年轻工人磷中毒而死。

消息传开后,民众无法控制内心的紧张情绪,因为他们就天天在与白磷的毒烟为伍,而且他们一天点燃火柴的次数还不少!

一时间,没人敢用火柴了,但如此一来,怎样生火呢?

就在大家一筹莫展之际，一九五二年，瑞士的制造商伦德斯特罗姆终于制造出了一种安全火柴。

他把无毒的红磷取代白磷涂在火柴盒上，然后将硫化物制成了火柴头，这样，火柴头必须和火柴盒进行摩擦，才能生火，相对以往的火柴而言，真的是安全很多。

从此，火柴才真正成为让人们放心的物品，而曾经要人性命的白磷火柴，也在十九世纪末退出了历史舞台。

其实在中国的南北朝时期，已经出现了火柴的雏形。

当时的中国人将硫黄涂在小木棍上，然后将木棍凑到火种旁边，便可取火。

后来，他们又用这种木棍置于火刀火石旁，只要有一丝火星出现即能燃烧。

到了南宋，杭州城的大街小巷到处都有兜售火柴的小贩。那时的火柴是一片一片薄如纸张的松木，松木的一头涂有硫黄，名曰“发烛”“粹儿”，可惜没有发展得起来，否则近代中国的火柴就无须从西方引进了。

小知识

现代火柴的生产步骤

1. 先将原木切成每支厚约二点五毫米的木条。
2. 将木条浸于碳酸铵中，确保火柴枝不会闷烧。
3. 将火柴枝的末端浸入石蜡中，石蜡可帮助火焰将火柴枝烧尽。
4. 将火柴头浸入含硫黄和氯酸钾的混合物中，硫黄产生火焰，氯酸钾则提供氧。
5. 在火柴匣的两边涂上红磷即可，若是一擦即着的火柴，火柴匣的摩擦面则由玻璃砂纸或含砂树脂制成。

57 炼丹不成反炼豆腐

淮南王的阴差阳错

豆腐是中国自古以来的美食，以水润滑嫩的口感闻名于世，在当代的食谱里，以豆腐为食材的菜色有很多，如：麻辣豆腐、麻婆豆腐、大煮干丝等，人们对它的喜爱程度可见一斑。

那么，豆腐到底是何人发明的呢？

李时珍在《本草纲目》中说："豆腐之法，始于汉淮南刘安。"

而在民间，广泛流传着刘安炼丹不成错炼豆腐的故事，还衍生出"刘安做豆腐——因错而成"的俏皮歇后语。

公元前一六四年，刘邦的孙子刘安被册封为淮南王，建都寿春。

刘安是个有理想的人，他的理想就是炼成长生不老仙丹，让自己延寿万年。

为此，他豢养了数千名食客。

食客文化源于春秋时期，那时候的有钱贵族都会养一批谋士或能人，最起码能显示出身家的不俗。

刘安喜欢炼丹药，自然希望能招募到一批身怀绝技的炼丹师，于是在他的重金之下，苏菲、李尚等八位学识渊博的术士就成了刘安的得力助手，俗称"八公"。有一次，刘安又开始琢磨起炼丹的新方法了，他将黄豆加水磨成豆汁，然后将豆汁倒入丹炉中，添火加热起来。

正巧这时，八公拿着各种炼丹材料，跑过来看新法的进展。

不知是谁手上拿了卤水，在探头看豆汁的时候，将卤水滴进了丹炉中却浑然未觉，结果待火熄灭之后，刘安一揭开炉盖，顿时目瞪口呆！

他看到了一整炉的白色固体，不禁用手碰了碰炉里的东西，发现这东西软绵绵的，很像女人的皮肤。

"你们快过来看，这是个什么东西？"刘安忍不住大声叫起来。

八公赶紧凑上前去看。

大家面面相觑，他们以前炼出来的，都是黑色

汉高祖刘邦

小药丸，和这次完全不一样。

“不会有毒吧？”有人迟疑地说。

众人沉默了片刻，素来自诩潇洒的李尚昂着头，大声说：“怕什么！我来尝尝！”

他用颤抖的右手抓起一小块白色固体，犹豫了一下，就闭着眼将那软软的东西送进嘴里。

众人都惊骇住了，他们瞪大眼睛等待着李尚的惨叫。

终于，李尚叫了起来，但他的声音一点也不惨，而是充满感叹：“真乃天下美味也！”

刘安等人的恐惧之情一下子烟消云散，大家都开始品尝起炉子里的东西，旋即赞叹不已。

就这样，豆腐阴差阳错地被发明出来了，它能为人体提供大量的蛋白质，因而受到全世界人民的欢迎。

虽然刘安是豆腐始祖的说法遭到一些学者的质疑，但刘安在《淮南子》一书中确实提到了豆腐，而至今尚未有其他人发明豆腐的记载出现。八公错制豆腐的关键就在于“点卤”。点卤是指将盐卤、石膏或葡萄糖酸内酯放入煮熟的豆浆中，达到让豆腐凝固的效果。

盐卤的基本成分是氯化镁，石膏是硫酸钙，而葡萄糖酸内酯则是转化后的淀粉。

现代人还创新了豆腐的制法，将天然蔬菜汁或果汁放入豆浆中，制成彩色豆腐，这种豆腐既保存了蔬果的纤维质，又利于人体吸收，可谓一举多得。

小知识

成也豆腐，败也豆腐

豆腐含有多种维生素和矿物质，如铁、镁、钾、铜、钙、锌、维生素 B_1、叶酸等，所以营养极高。

但它也有缺点，有些人不能乱吃。

缺点：豆腐中的植物蛋白质会在人体中变为含氮废物，加重肾脏负担；豆腐中的蛋白质影响人体对铁的吸收，且容易引发消化不良；豆腐含蛋氨酸，会促使动脉硬化，这是美国医学家的说法；豆腐含皂角苷，能预防动脉硬化，但会让人体缺碘，这是中国专家的说法。

58 遭到耻笑的魏明帝

西域的火浣布

在西方童话中有一个故事：

一个被哥哥排挤出国的王子，在十年后回到家乡，对父王说自己有一块用火烧不坏的布。

坏心眼的哥哥不相信，就嘲笑道："如果你的布烧不坏，我情愿将王位继承人的位子让给你！"

结果，聪明的小王子拿出一块布，往火里一扔，布果然在火中毫发无损，大哥气得直翻白眼，却一句话也说不出来。

那块布就是如今的石棉布，在中国古代，也叫火浣布。

在中国，也有像童话中这位哥哥一样搬了石头砸自己脚的贵族，他就是魏明帝曹叡。

火浣布在中国周朝就已投入使用，人们对这种怎么烧都烧不坏的布感到惊奇，《冲虚经》中有记载："火浣之布，浣之必投于火，布则火色，垢则布色。出火而振之，皓然疑乎雪。"

后来，这种布不知怎的传到了北方，颇受鞑靼人青睐，便被制成防火服，在西域与北疆流行开来。

而在中原地区，到了东汉末年，群雄纷争，异族侵犯，火浣布居然不知了去向。

俗话说，三人成虎，由于太长时间没见到火浣布，就有人觉得世间不会存在火浣布这种东西，说的人多了，大家就真以为它不存在了。

在三国时期，一个叫王肃的学者首先写了一篇论文批判火浣布，遂成为第一位勇敢的"打假斗士"。结果魏文帝曹丕一看，不高兴了，原来他也认为火浣布是假货，没想到却被王肃这小子争了功，心里很不平衡。

于是，曹丕搞出了更大的动静，他也洋洋洒洒地写了一篇论文，且引经据典，从古代一直论述到当前，最后用异常坚定的语气告诉国民：火浣布，我说没有就没有！

结果，作为大孝子且盲目崇拜亲爹的魏明帝就这样被亲爹给害了。

曹叡继位后，为了宣扬父亲的"丰功伟绩"，命人将曹丕的论文铸刻在庙堂、学校的门外，好让世人永远记得曹丕的伟大论证。

谁知道，他刚为曹丕做了宣传推广工作，西域就派来了使者进贡，而贡品正是他一直否定的奇物——火浣布。

魏明帝面红耳赤，他赶紧下令将曹丕否定火浣布的文字撤走，但已经来不及了，所有人都在嘲笑他的愚昧无知，至今仍有很多野史记录下了当时的爆笑过程。

魏文帝曹丕

石棉布是以石棉作为主要原料的布匹，因而具有耐高温的化学性质。

石棉的成分是硅酸盐类矿物质，呈纤维状排列，具备了绝缘、耐热、耐火的特性，但并非绝对不怕高温，在温度超过七百度时，它的纤维结构会遭到破坏，最后变成粉末。此外，石棉虽然延展性较好，但很怕折叠，折皱后它的韧性会变差。

按照矿物成分，石棉主要可分为蛇纹石石棉和角闪石石棉两类，前者因由二氧化硅、氧化镁和结晶水构成，所以很怕酸液腐蚀；后者则性质稳定，还能过滤毒物和空气。

小知识

石棉布如何制成？

石棉的纤维长度一般为三至五十毫米，不过世界最长的石棉纤维在中国，为二点一八米。

只要石棉纤维超过八毫米，再与百分之二十到百分之二十五的棉纱混合，就能制成石棉布了。不过石棉的粉尘被人吸入肺里，容易致癌，所以其使用量受到了人们的严格控制。

59 啤酒厂里的意外收获

风靡世界的苏打水

啤酒是历史最古老的饮料之一，早在几千年前，古巴比伦人就有关于啤酒制作方法的记载。

到了近代，有一位名叫约瑟夫·普里斯特利的英国化学家从啤酒身上得到启示，发明了一种如今风靡全球的饮料——苏打水。所以换个角度讲，苏打水还是啤酒的孪生兄弟。

苏打水，无非就是加了二氧化碳的水，但是在十八世纪，大家还不知道二氧化碳的概念，所以普利斯特里能发明苏打水，简直堪称奇迹。

普里斯特利的脾气不好，但胜在肯钻研、爱读书、好游历，一七六六年，他在结识了美国的科学家富兰克林后，就疯狂地迷上了实验科学。当时他对电学产生了兴趣，出版了一本关于电学的书，正当他以为自己将成为一个电学专家时，命运却把他推到了另一条路上。

几年后，他搬到英格兰的利兹居住，在他的住所隔壁是一家啤酒厂，普里斯特利大概是喜欢喝酒，所以他总往啤酒厂里跑，这一来二去，便有了发现。

他经过研究后意识到，谷物发酵后产生的空气就是燃素论专家布莱克所说的"固体空气"，为了证明自己的结论，他更加勤奋地把啤酒厂当成了自己的"据点"，恨不得把整个实验室都搬到厂里去。

于是厂里的工人一看到他，就开玩笑道："大科学家，又来喝啤酒啦？"

普里斯特利冷着一张脸，不吭声，他暗想，等我把实验做出来就马上走，现在就让你们笑吧！

当然，谁也没有嘲笑他，是他自己觉得别扭罢了。

随着研究的进行，普里斯特利将二氧化碳充入了纯净水中。

前面都说了普里斯特利是个贪杯的人，现在他碍于面子不能喝啤酒，就忍不住想喝自己研制的二氧化碳水。

他是化学家，知道这种水没有毒，但进入人的身体里，会不会出现意外情况也说不定。

普里斯特利不愧是个胆大的人，他没有犹豫，仰起脖子，将含了二氧化碳的水一口喝了下去。

"真好喝！"喝完后，普利斯特里眼睛一亮，他觉得自己的心情也随着喝下去的那杯水舒爽了起来。

他认定自己发明的是一种能使人心情愉悦的饮料，于是又进行了加工，并在一七七二年将这种饮料取名为“苏打水”。

苏打水一经问世，大受好评，英国海军立刻将苏打水作为军舰上的饮料，这让普里斯特利获得了更多的赞誉。

普里斯特利是双鱼座，千万不要以为双鱼座很温柔，其实这个星座出了不少的叛逆者，比如涅盘乐队的主唱科特·柯本就是个鲜明的案例。

普里斯特利也很叛逆，他本来由富裕的姑妈照顾，却背着姑妈跟基督徒来往，结果惹得姑妈十分生气。普里斯特利索性一不做二不休，彻底与姑妈作对，也不去当牧师了，一心往科学事业上发展。

值得一提的是，普里斯特利并非科班出身，他在化学上的研究全靠自学成才，所以他无法像专业化学家那样树立一个正确的科学世界观，只能在前人的理论基础上进行补充论证。

小知识

气体大师普里斯特利

普里斯特利发现了很多气体，远超同辈的任何专家，值得人敬佩。

氧气：一七七一年，他发现了氧气，且是第一位发现氧气的人。

氢氯酸：在水银表面收集而得。

二氧化碳：一七七二年，他发现了二氧化碳，且发明了收集气体的排水法。

一氧化氮、氮气：他将铜、铁、银等金属与稀硝酸进行反应制得。

二氧化氮(氧化亚氮)：将铜、铁、银等金属与浓硝酸进行反应制得。

60 一个作家拯救了数万士兵

鲨鱼的克星

世界著名文学大师海明威曾写过一部享誉中外的小说《老人与海》，故事讲述一个年迈的老人是如何孤身一人钓到一条大鱼的。

这个老人的身上很明显带有海明威的影子，但读者可能不知道的是，海明威不仅写作水平高超，他的钓鱼技术同样不凡，尤其在捕鲨方面，连军人都望尘莫及。

海明威在闲暇时间喜欢垂钓，由于捕鲨是件费体力事情，不可能时常做，所以他更喜欢独自拿着钓竿，去海边钓一些小鱼来增添一些情趣。

他的家就在大海边上，平时步行到海边也不过半个小时。

一天，当海明威悠闲地来到海边，还没来得及放下装鱼的水桶，就有渔民慌慌张张地对他说："你快回去吧，海里出现了鲨鱼！"

海明威觉得很奇怪，他迟疑地说："以前我经常来这里，没看见有鲨鱼啊！"

"哎呀！你不知道！"渔民见海明威一副心不在焉的样子，不由得焦急万分，跺着脚说，"昨天刚出现的，还差点咬了人！"

"这样啊！"海明威心想，昨天他有事没来，所以没看见鲨鱼，也许这里真的有危险。

于是，他只好悻悻地拿着渔具回家了。

可是他又不甘心，如果鲨鱼一天不走，他就一天不能钓鱼了吗？

海明威决定要亲手驱赶鲨鱼。

根据自己以往在捕鲨中得到的经验，他知道有些化合物会令鲨鱼避而远之，于是就动手试验起来。

他准备了两块肉，一块注入了硫酸铜，另一块则什么也没注射，然后他将两块肉用网线钩好，放到海面上。

隔了一天，海明威再去看那两块肉，他高兴地发现，自己的猜测是对的，鲨鱼将没有注射硫酸铜的肉吃了个精光，而那含硫酸铜的肉依旧完好无损，看来鲨鱼很讨厌硫酸铜。

有了这个好办法，海明威就不怕鲨鱼的突然袭击了，他每次钓鱼时都在衣服上涂抹硫酸铜，果然每一次都安然无恙。

大家在得知这个好办法后，也跟着效仿起来。

最后，连美国的军队都得知了硫酸铜可以赶跑鲨鱼，长官们不由得激动万分。

原来，在第二次世界大战期间，海军的舰船一旦被毁，无数船员只能跳到海里逃生。可是海里的鲨鱼异常凶猛，而且在血腥味的召唤之下，不一会儿令人胆寒的鲨群就蜂拥而来，让无数士兵丢了性命。

好在有了硫酸铜后，鲨鱼倒了胃口，不再纠缠那些海军了。

海明威做梦也想不到，自己一个小小的发现，竟然拯救了数以万计士兵的性命。

海明威与家人

硫酸铜为何让鲨鱼避而远之？看过它的属性你就会了解了——

名称：无水硫酸铜（不含水时）、五水合硫酸铜（含水时）。

颜色：白色（不含水时）、天蓝色（含水时）。

形态：粉末（不含水时）、结晶体（含水时）。

毒性：性寒；有毒，不可服食。

作用：可提炼精铜、与石灰水混合在一起可以制成杀菌剂，用来为果实除菌。

因为硫酸铜中含有大量的铜离子，对鱼尤其有害，一点点量就可以置鱼于死地，所以鲨鱼才害怕硫酸铜。

小知识

海明威是如何制备硫酸铜的？

其实很简单，首先，他取一些铜块，浸入双氧水中，配置出铜的化合物，然后将不纯的化合物放入稀硫酸中，除去铁等杂质，就能得到高纯度的硫酸铜了。

61 天神的愤怒

战船上的神秘之火

两千多年前，罗马人建立了罗马帝国，以地中海为中心，称霸亚欧非大陆，令周边国家闻之胆寒。

有了庞大的军事实力，罗马的统治者越发骄傲，他们不满足于现有的领土范围，渴望能将自己的触手伸向神秘的东方。

有一次，一个阿拉伯国家派使者来向罗马帝国进贡，罗马的最高执政官在会见使者时，故意邀请对方试一把精美的匕首。

结果使者不明就里，欣喜地接过了镶满珠玉金银的刀具，只听执政官大喝一声："刺客！"一把长剑就穿透了使者的胸膛，殷红的鲜血如小溪般，哗哗地流向了铺着羊毛地毯的地面上。

濒死的使者这才明白自己遭了暗算，他圆瞪双眼，只来得及说一句"安拉会惩罚你的！"就死去了。

安拉是伊斯兰教的最高神祇，是使者所在的阿拉伯国家的守护神，但是，罗马执政官并没有将使者的话放在心上，他声称那个阿拉伯国家对罗马不敬，然后派遣了大量的战船和士兵，对其发起了进攻。

罗马人知道自己的实力无人能敌，因此十分得意，他们的船行驶在地中海上，一路竟无人敢出海与他们对抗，这更加让罗马人心生骄傲。

十几天后，眼看着船队就要接近红海，罗马士兵们也跃跃欲试地准备登陆了。在一个烈日当头的正午，突然之间，船队中最大的一艘补给船冒出了滚滚浓烟，船身瞬间被巨大的火焰所包围。

"怎么回事？快救火！"罗马统帅当下心中一惊，旋即镇定下来，命令全体士兵扑灭大火。

当天，船队没能再前进一米，火灾的事情搞得大家精疲力竭，每个士兵心里又惊又疑，都不知这把奇怪的火是怎么产生的。

统帅在晚餐时分将他所能想到的纵火嫌疑人都叫过来一一问话，但是，无论他怎么盘问，都查不出任何放火的证据。

难不成这火是自己烧起来的？

统帅有些害怕，连忙命令船队禁止前行，又派信使去通知罗马执政官，汇报了这一情况。

执政官接到信后，同样是震惊万分，此刻，他的眼前仿佛出现了那个被他杀害的阿拉伯使者，使者口吐鲜血，咬牙切齿地诅咒道："安拉会惩罚你的！"

"啊！"执政官大叫一声，疯狂地用双手敲着自己的太阳穴，心中的恐惧感越来越强烈起来。

最终，执政官因为害怕天神的惩罚，下令收回成命，让罗马战船原路返回。

远在东方的阿拉伯国家听到这个好消息，都兴奋不已，激动地说："安拉愤怒了，他来保护我们了！"

这真的是天神显灵？

当然不是。

科学家们发现，这是一起化学自燃现象。

原来，那艘补给船的底舱堆满了草料，由于草料过多，导致空气不够，草料就开始缓慢地氧化，同时放出了热量。当热量足够多的时候，温度上升，一场大火就产生了。

其实自燃现象并不少见，比如夏天放置在车库外的汽车就可能会自燃，那是因为一般的可燃物质在空气中都会发生缓慢的氧化反应，也因此放出一些热量，当热量聚积到一定程度，达到可燃物的着火点时，就变成了燃烧。

怎样才能防止自燃现象呢？

办法有两个：一是隔绝空气，在缺氧的条件下可燃物无法燃烧；二是散热，将可燃物氧化后散发的热量排出，就能阻止自燃现象的发生了。

小知识

新疆火焰山——庞大的自燃群落

在新疆，有一座绵延一百多公里，海拔达五百公尺的大山，这就是《西游记》中大名鼎鼎的火焰山。

火焰山最高温度达四十七点八度，能烤熟鸡蛋，因为温度太高，整座山寸草不生。

其实火焰山就是自燃现象的一个鲜活的例子。

在火焰山下，有着丰富的煤矿资源，这些地底下的煤长期自燃，让火焰山成了一座温度极高的山。如今煤矿区的工作人员已经在实施灭火措施，大约再过几年，火焰山就看不到火焰了。

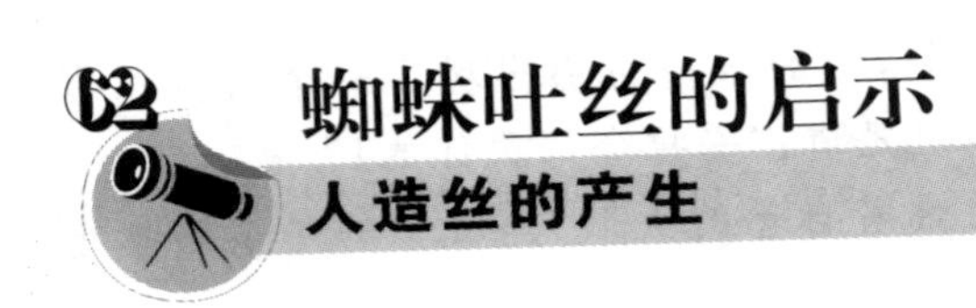

62 蜘蛛吐丝的启示

人造丝的产生

为什么蜘蛛吃下去的是昆虫的体液，吐出来的却是亮晶晶的丝呢？

这就跟牛为什么吃的是草，挤出来的是奶的问题一样，困扰着人们的心。

约两百年前，法国人H.布拉孔诺也曾为这个问题而冥思苦想过，他的好奇心特别强，几乎是在童年时代，就经常观察蜘蛛吐丝结网，渴望弄清楚蛛丝的由来。后来，他长大成人读了大学，仍旧对蛛丝的生成一无所知。

有一天，他惘然若失地看着辛勤"布阵"的蜘蛛，忽然产生了一个念头：既然蜘蛛能吐丝结网，人类为何不学蜘蛛也造出丝来呢？

想弄明白蛛丝是怎么来的很困难，但想造出丝来或许会简单许多。

布拉孔诺一头栽进实验室，开始进行他伟大的人造丝实验。

他试了很多种办法，而实验的主要对象则是棉花。

自古以来，棉花就是重要的纺织材料，布拉孔诺认定棉花中的粗纤维可以被打造成更细的线，这就是他想要的人造丝。

皇天不负苦心人，经过多番失败，布拉孔诺终于有了成果。

他用硝酸处理棉花，这样就得到了硝酸纤维素，然后将纤维素溶解在酒精里，使其变成黏糊糊的液体。接下来，液体在透过玻璃细管时让酒精挥发，就这样，世界上第一根人造纤维诞生了！

"成功了！我的梦想终于实现了！"布拉孔诺兴奋地大喊，此刻他在心中不断感谢那些蜘蛛，他觉得正是这些默默无闻的小动物，才让自己有了今日的成就。不过，布拉孔诺制出的人造丝有个很大的缺陷，那就是太脆弱了，还很容易燃烧，制作成本昂贵，根本没办法拿来纺织。

后来，科学家对布拉孔诺的人造丝做了改进，他们将高价的棉花换成了廉价的木材，再将木质纤维素溶解在烧碱和二氧化硫里，这样造出的丝就比原来的结实多了，而且穿起来舒适、透气性强，能被制成各种布料。

直到这时，人造丝才被广泛用于人们的日常生活。

在它诞生后的三十年里，占据了纺织市场的十分之一，足见其受欢迎程度，而这一切，都是蜘蛛的功劳。

尽管科学家发明了人造丝，但人们还是不太满意，因为第二代人造丝受潮后就变得不结实了，还会缩水。

为了使人造丝更加耐用，科学家随后又实施了多种改进措施：

第三代人造丝：氯纶。以煤、盐、水和空气为原料制成，学名叫聚氯乙烯纤维。

第四代人造丝：尼龙。这是最早的合成纤维，学名叫聚酰胺纤维。

第五代人造丝：涤纶（聚酯纤维）、腈纶（聚丙烯腈纤维）、维纶（聚乙烯醇缩醛纤维）。这三种都是重要的合成纤维，它们的手感都很不错，常被制成各式衣物。

第六代人造丝：丙纶（聚丙烯纤维），最轻的合成纤维，可被制成飞机上的毛毯、宇航服等。

小知识

纤维是什么？

概括地讲，纤维就是由连续或不连续的细丝组成的物质。

纤维分为两大类：天然纤维和化学纤维。

天然纤维分为植物、动物和矿物纤维，可直接获取。

化学纤维就是人造纤维，需用通过各种科学实验将聚合物进行拉伸、牵引、定型后取得纤细而有韧性的细丝。

63 防偷吃造就的杀菌剂

波尔多葡萄的遭遇

波尔多葡萄酒是举世闻名的一种葡萄酒，因产于法国西南一个名叫波尔多的港口而得名。

不过要说到让这类酒魅惑众生的功臣，当属该地产的波尔多葡萄，正是这些葡萄的独特香气和甜度，才赋予了波尔多葡萄酒独特的味道。

可是在一八七八年，波尔多市却遭受了一场严重的天灾，这场灾难几乎让波尔多葡萄绝收，若人们没有采取措施，很可能就不再有今日的波尔多葡萄酒了。

那一年，波尔多各大庄园里的葡萄藤染上了病毒，葡萄的叶子逐渐出现黄色的霉斑。

一开始，人们没留意，以为只是简单的虫害，谁知后来霉斑越来越大，继而叶子整片整片地掉落，很快，整根葡萄藤竟无法再继续生长。

仿佛在一夜之间，众多的葡萄庄园从郁郁葱葱的绿色齐刷刷变成了死气沉沉的灰色。

眼看着一年的收成泡了汤，庄园主们特别着急，赶紧去请农学家查明原因。

农学家很快告知庄园主，当地的葡萄染上了一种名叫“霉叶病”的植物病毒，如果不及时治疗，很可能来年也会颗粒无收。

庄园主们顿感如雷轰顶，他们根本就无计可施，因为当时根本就没有一种有效的药剂能对付霉叶病，更何况，很多人都不知道霉叶病到底是什么。

这一年，大家都在唉声叹气，觉得自己是最不幸的人。

可是，一个名叫米拉德的大学教授却注意到了一个奇怪的现象，而正是他的发现帮助庄园主摆脱了霉叶病。

米拉德在经过一条公路的时候，看到公路两旁的葡萄树长势极好，似乎再过不久就要结籽了。

他不禁疑惑万分：不是所有的葡萄都掉光了叶子吗？怎么这里的葡萄却是完好的？

于是他凑到一根葡萄藤下细细查看，发现这些葡萄的叶子上涂抹了一层蓝白相间的粉末。

米拉德觉得事有蹊跷，就四处打听情况。后来得知，这些葡萄归一个叫埃尔内斯特·戴维的庄园主所有，戴维为了防止路人偷吃路边的葡萄，就用石灰和蓝矾制作了一种“毒药”，洒在葡萄上，果然唬得人们不敢贪嘴了。

米拉德认为对付霉叶病的关键就在戴维的“毒药”上，他立刻进行实验，配置出一种石灰与硫酸铜的混合物，然后又请求杜札克酒庄的庄园主内森尼尔·约翰斯顿开放葡萄园，让自己试验一下混合物的功效。

约翰斯顿心想，反正自己的葡萄也完蛋了，就让米拉德试一下吧！也许能挽救那些葡萄呢！

于是，米拉德和其助手入驻了杜札克酒庄。

经过一段时间的观察，米拉德确认自己研制的混合物可以治愈霉叶病，他将这种混合物的溶液取名为“波尔多液”，并向其他庄园主推荐。

听说葡萄有救，大家特别高兴，纷纷用“波尔多液”喷洒葡萄。

果然，在几个月后，波尔多城又恢复了以往的绿色景象，而波尔多液也因此大受好评。

波尔多液是一种杀菌剂，由五百克硫酸铜、五百克熟石灰和五十千克水配制而成，当然，调配比例可酌情增减。

其属性如下：

颜色：天蓝色。

外形：胶状悬浊液。

物理性质：有很好的黏附性。

化学性质：可释放可溶性的铜离子来抑制病菌生长，在潮湿环境下作用更强。

杀菌原理：铜离子可使细菌细胞中的蛋白质凝固；同时铜离子还能破坏细菌细胞中的某种酶，使细菌不能新陈代谢。

优点：杀菌谱广、药效长久、对人畜低毒、病菌不会产生抗性。

缺点：由于有铜离子，容易伤害耐铜力差的植物。

小知识

胆矾是什么？

胆矾是五水合硫酸铜，也就是硫酸铜吸水后的天蓝色晶体。

但是，波尔多液里的主要成分是碱式硫酸铜，由硫酸铜和氢氧化钙或氢氧化钠反应制得，所以碱式硫酸铜不能与胆矾相混淆。

64 阿摩神的赏赐

神庙中离奇出现的“盐”

公元前三百多年，亚历山大大帝从希腊出发，踌躇满志地向着东方进发，他一路征服了很多地方，成为当之无愧的世界霸主。

他每经过一处异域，就会给当地引进希腊的文化和习俗，于是，当希腊人的铁蹄辗过北非之后，在茫茫非洲沙漠上，建立起了一座供奉希腊和埃及主神的庙宇——宙斯-阿摩神。

宙斯是希腊神话中的众神统治者，而阿摩则是埃及神话中神的最高领袖，尽管这座神庙的名字带有被征服的耻辱感，但由于是个神圣的地方，所以依旧受到很多非洲人的顶礼膜拜。

不过非洲人还是喜欢将神庙叫作阿摩神庙，他们经常朝拜庙里阿摩的塑像，希望神明能保佑自己平安顺利。

时间一长，人们发现阿摩神庙的墙壁和天花板上，竟莫名地结出一层白色的盐状物质，闻起来还有刺鼻的味道。

大家又惊又喜，以为阿摩神从空中洒下了盐，要赐给众人，于是虔诚地跪拜叩头，对神表示自己的感激之情。

有一天，一个远道而来的朝圣者拄着拐杖进了阿摩神庙，他刚一进庙门就因饥渴晕了过去。

他的同伴慌慌张张地想要弄醒他，可是朝圣者太虚弱了，怎么也不醒。

同伴没有办法，就含着眼泪对着阿摩神像请求道：“尊敬的阿摩神啊！恳请您帮我叫醒我的同伴，他那么虔诚地对您！”

神像没有发话，但神像的手却指着天花板。同伴定睛一看，天花板上是一层细密的“盐”，墙壁上也是，他仿佛明白了，再三感谢道：“我明白了，谢谢神的指引！”

亚历山大大帝驯服布西发拉斯

于是，他将墙上的“盐”取了一些下来，

放到朝圣者的鼻子前。

没过多久，始终无法清醒的朝圣者竟然悠悠地醒转过来，同伴惊喜地将阿摩神的赠予告诉他，两人激动不已，又再次对阿摩神表达感谢之情。

很快，阿摩神赐予的盐能救命的事传到了其他人的耳朵里，顿时，大家蜂拥而至，争先恐后去“讨要”那些盐。

众人发现，阿摩神的盐不仅能使人恢复神智，还能治疗昆虫叮咬后的伤口，因此将这种盐视为万能神药，无论何种情况都要使用一番。

其实大家不知道，阿摩神之盐来自于骆驼的粪便。

沙漠中的居民喜欢用骆驼粪做燃料，结果粪便在燃烧过程中，一种气体升腾到庙宇的天花板上，凝固成结晶，就变成了类似“盐”的东西。

科学家按照“阿摩神之盐”的说法给这种气体取名叫“阿摩尼亚”，翻译成中文，便是氨气。

氨是氮和氢的化合物，在常温情况下，氨以气体形式存在，很容易溶于水，所生成的氨水呈弱碱性。在医学上，氨可以使休克的人清醒，也可用作手术前医生的消毒剂。

氨的属性如下：

外形：无色有刺激性恶臭的气体。

熔点：－77.7 ℃。

沸点：－33.5 ℃。

密度：0.771 g/L。

作用：可以作制冷剂、提取铵盐和氮肥。

毒害：对人的皮肤、眼睛和呼吸道黏膜有伤害，当人吸入过多时，会引发肺肿胀致死亡。

小知识

氨的天使女儿——氨基酸

虽然氨对人体有害，但含有氨基和羧基的有机化合物——氨基酸却是人体不可或缺的一种物质，说它是天使也不为过。

氨基酸是蛋白质的基本组成单位，能够转变成糖和脂肪，人或动物缺了氨基酸，就会营养不良。此外，氨基酸还具有促进大脑发育、促进新陈代谢、调节体液、让器官正常发挥作用等各种功能，可谓是人类的一大福星。

65 银桥上的惨案

夺命酸雨

一九六七年十二月十五日，离欧美一年中最盛大的节日圣诞节只剩十天了，全美上下到处洋溢着喜庆祥和的气氛，谁也不曾想过，这一天将以怎样的情节收尾。

在美国的俄亥俄河上，有一座六百年历史的银桥，人们将这座桥视为当地的优美风景之一，即便是在那么热闹拥挤的冬日，银桥之上也氤氲着浪漫无比的气息。

下午五点，提着大包小包，刚从百货公司购物回来的人们争先恐后地拥上银桥，他们要去给孩子做饭，要去给情人送礼物。而此时，下班回家的人们也登上了这座桥，再过一会儿他们也将回到温暖的家中，吃着热气腾腾的饭菜，结束一天的生活。

谁都没有留心桥体的变化。

忽然之间，银桥的中央“咔”的一声断裂开来，人们甚至还没来得及尖叫，就落入了冰冷的河水中。

不到一分钟的时间，这座长达五百四十米的大桥彻底崩塌，只剩岸边两座桥台眼睁睁地看着人们无助地呼喊。

很多行人和车辆落水，由于桥断裂的速度太快，没有人能够迅速做出逃生的准备，一些人被落石和车辆砸死，俄亥俄河的水面顿时被染成了触目惊心的红色。

这起事件造成了四十六人死亡，五十辆汽车坠毁，引发了美国所有民众的关注。有一位吓得花容失色的年轻女子在镜头前心有余悸地说：“当时幸好遇到红灯了，否则我一定掉到水里了！太可怕了！”

人们的心情非常沉痛，希望美国政府能尽快查明银桥断裂的真正原因。

政府不敢怠慢，委托美国国家运输安全委员会全力负责此事。

委员会经过调查后发现，在连接桥梁的钢链上存在一个极小的裂缝，正是这个裂缝，让调查组察觉到银桥上的建筑材料受到了严重的破坏。

建筑公司赶紧声明自己公司出产的材料没有问题，而且就在事发两年前，银桥还做过专业检修，照理说也不会出问题。

那问题究竟出在哪里呢？

调查组随后发现，是天上的酸雨引发的祸端。

原来，当地的化工厂很多，导致空气中的二氧化硫不断增加，一旦下雨，雨水就会变成酸雨腐蚀建筑物。所谓千里之堤毁于蚁穴，银桥上一个小小的裂缝，就因为环境污染夺取了四十六条生命，不得不让人感慨万千！

酸雨对石雕的影响

当雨水酸碱值在五点六以下时，就可以被称为酸雨了。

酸雨中主要的致酸成分：二氧化硫，来自于石化工业、火力电厂；二氧化氮，来自于工厂高温炉、汽车废气、农药。

酸雨的危害：会引发人体的哮喘、咳嗽、头痛、眼耳鼻和皮肤的过敏症状；会被蔬果吸收，被食用后让人体中毒；腐蚀建筑物和交通工具，如接触大理石后，会让其变成极易粉碎的石膏。

总之，酸雨的危害极大，所以应当保护环境，避免付出惨痛的代价。

小知识

雨水本就是"酸雨"

其实自然界降下的雨水，本来就是酸的。

在大气中，存在大量的二氧化碳，当二氧化碳在常温下完全溶在雨水中时，雨水的酸碱值是五点六，而酸碱值为七时是中性，小于七则呈酸性，所以在正常情况下的雨水也是"酸雨"。

66 缺乏化学知识引发的悲剧

阿那吉纳号的沉没

著名的铁达尼号的故事家喻户晓，因为船长缺乏经验，致使世界第一号邮轮沉入深海，成为百年遗憾。

在航海史上，同样有一艘船，因为船长缺乏化学知识，导致沉船的悲剧，不过更可悲的是，船员们直到死去，也不知沉船的真正原因。

该船名叫“阿那吉纳号”，是一艘运载货物的商船。

阿那吉纳号曾运载石头、木材等物品，每次都非常顺利地到达目的地，因此没有船员会怀疑这艘船的安全性。

“除非有一天，我的船漏了，否则阿那吉纳号会一直行驶下去！”有一次，船长在喝酒时，对着所有水手拍胸脯说大话，没想到却一语成谶。

也许老天为了让船长失望，阿那吉纳号真的漏了！

那一天，阿那吉纳号在国外装载了满满一船舱的精铜矿，然后开船回国。

依然是熟悉的路线，天气也非常晴朗，水手们计划着几天后和家人团聚的日子，心情十分舒畅。

到了晚间，大家开始聚餐，还喝了点酒，气氛十分融洽。

谁都没有察觉到，船体出现了异常情况。

第二天，阿那吉纳号依旧在明媚的阳光中奋力前行，海鸥盘旋着，在船的上空飞行，一切都是那么清新。

傍晚时，谁都没有发现船体吃水深了一些。

深夜时分，一个水手突然冲进驾驶室，惊慌失措地大喊：“不好了！船漏水了！”

驾驶舱里的大副有些不相信，追问道：“这可是钢制的船体啊！”

“真的漏水了！”通报者焦急地说，他的眼睛睁得大大的。

大副这才赶紧按响了警报器。

水手们紧急集合，检查船体的状况，发现船底漏了好几个大洞，冰冷的海水正源源不断地涌入船舱内。

船长惊得满头冷汗，他带着水手想尽办法，却始终无法将水排出舱外，最后只能徒劳地放弃抢险，发电报呼救。

可惜附近并没有船只经过，最后阿那吉纳号只能在万般挣扎中沉没了。

正如大副怀疑的那样，钢制的船体怎么会说漏就漏呢？

后来科学家解释道，原因正是出在那船精铜矿上。

在化学中，有一种反应叫电化学反应，由于海中空气潮湿，船体就与铜矿组成了原电池，结果船体中的铁失去电子被氧化，简单来说也就是铁被腐蚀了，所以大洞就这样产生了，让所有船员猝不及防。

什么是原电池？

就是利用两个电极的电势不同，产生电势差，从而使电子流动，产生电流。

其实用我们熟悉的电池举例即可，电池之所以带电，是因为它有一个正极和一个负极，正极发生还原反应，得到电子，负极发生氧化反应，失去电子，电子由负极流向正极，这样电流就产生了。

在阿那吉纳号上，铜是正极，船体中的铁是负极，负极失去电子，船体就被氧化了，因而坚固的钢铁出现了腐蚀的现象。

小知识

电解原理——氧化还原

电解的化学原理与原电池的原理类似，也是氧化还原原理，过程如下：

1. 在通电以前，化合物中的离子是无序运动的。
2. 通电后，阳离子向阴极迁移，在阴极得到电子，结果就被还原了。
3. 通电后，阴离子向阳极迁移，在阳极失去电子，结果就被氧化了。

电解法是一八〇七年英国化学界戴维发明的，如今被科学家广泛用于从化合物中提炼单质，很多很难提取的物质通过电解法就能获得。

67 用火烧出来的纸币

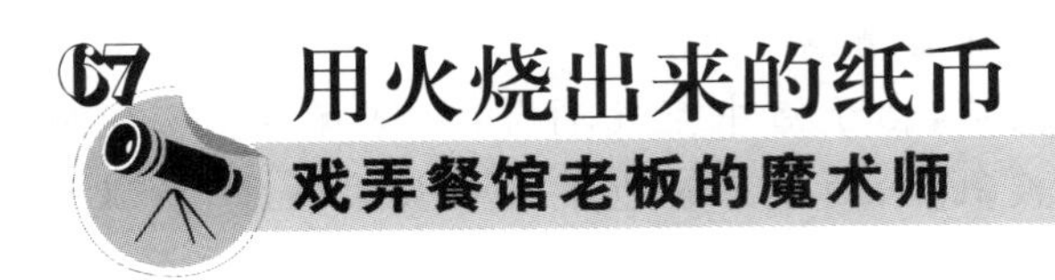

戏弄餐馆老板的魔术师

在二十世纪三十年代，有一个在地方上很有名的魔术师决定闯荡京城，虽然家人苦口婆心劝他不要离乡背井，但为了远大的前程，魔术师还是义无反顾地踏上了北上的旅程。

到了京城后，他果然大开眼界，觉得大城市确实比家乡那个小地方要好太多。但他并没有马上找工作，而是整天乐呵呵地在城里闲逛，体验当地的风土民情。

不过有一点让魔术师不太满意，他发现随着地方大了，不讲理的人也多了，他亲眼所见的一些事情总是令他非常愤怒，每当这个时候，他总会想去主持公道。

有一天，他来到一个小餐馆吃饭，发现餐馆的老板正在凶狠地骂他的伙计，周围有几个顾客在好言相劝。

魔术师侧耳倾听，很快弄清了原委。

原来，这个伙计是个新手，没有太多经验，结果给一桌客人结账时少算了钱，偏偏老板是个铁公鸡，揪住伙计的错不放，还扬言要让伙计给自己白做一个月的工作。

魔术师见那伙计垂着肩膀，被牙尖嘴利的老板说得大气都不敢喘一下，知道他是个老实人，就上前劝老板："您就饶过他这一次吧！他没见过世面，您就多担待点。"

老板拧紧眉头，斜着眼瞪着魔术师，冷笑道："你这么喜欢替人说好话，那他少收的那些钱你来给，怎么样？"

其他顾客见老板这么说，一起盯着魔术师，想看看这个年轻小子怎样回击。

谁知魔术师竟然憨厚一笑，取出一张白纸，说："我这就替他还账！"顾客们哄堂大笑，老板也觉得可笑，点头道："可以！你要是能用这张纸变出钱来，你那桌的钱我也免了！"

魔术师的嘴角勾起一抹微笑，他神秘地说："这可是你说的！"

说罢，他从口袋里掏出一根雪茄点上，对着老板吐了一个烟圈，然后用烟头点燃了白纸的一角。

说时迟那时快，白纸迅速成了一个火球，魔术师在火光中把手一甩，一张崭新的纸币赫然出现在众人的面前。

围观众人见状，纷纷拍手叫好，老板目瞪口呆，只得履行自己的承诺，饶过了伙计，又让魔术师免结账单。

那么，魔术师手里的那张白纸为何会变成真的纸币呢？

原来，这张白纸里藏的，是真正的纸币，而纸币的表面则贴着一层易燃的火药棉，由于火药棉燃烧速度极快，所以在来不及烧掉纸币的时候就消失了，魔术师才能变“纸”为钱，让餐馆老板出了丑。

在化学上，火药棉的学名叫纤维素硝酸酯，是一种白色的纤维状物质。从外表上来看，它似乎与棉花差不多，实际是一种非常厉害的战略资源，在军事上能被用于制造炸药。

火药棉属性如下：

别名：硝棉、强棉药、棉火药。

特点：燃爆速度极快，若被制成炮弹，会在发射前就爆炸，非常不安全。

威力：比黑火药大二至三倍。

化学性质：用醇-醚混合溶剂处理火药棉，然后将其碾压成型，能减缓火药棉的燃爆速度。

作用：可制作枪支弹药、可作为固体火箭推进剂。

小知识

火药棉的由来

一八四五年，德国化学家舍恩拜因把家里的厨房当成实验室，趁着妻子不在家，偷偷开始化学实验。

但舍恩拜因是个“妻管严”，他经常担心妻子会突然回来，结果在慌乱中把硫酸和硝酸的瓶子打翻在地。手忙脚乱的舍恩拜因连忙用妻子的棉布围裙擦拭地上的酸液，然后想用火炉烘干围裙。谁知，火炉立刻发出一声巨响，围裙一眨眼就被炸成了灰烬。舍恩拜因对这种现象非常好奇，于是深入研究，终于发明了火药棉这种奇特的烈性炸药。

68 能在海面上燃烧的"魔火"

拜占庭帝国的神器

"不好了！阿拉伯人正在计划向我们发动进攻呢！"

公元六七三年，拜占庭帝国的首都君士坦丁堡上空突然笼罩上了一种不祥的阴云，百姓们议论纷纷，觉得灾祸很快就要降临到自己的头上。

然而，王宫里一直没有传出动静，似乎战争即将打响的消息是个谣言。

其实，百姓们不知道，国王不是不知道阿拉伯人的进攻计划，而是以罗马人现在的实力，根本无法与阿拉伯人对抗。

就拿海军力量来说，阿拉伯舰队的数量有成百上千，但拜占庭帝国的战船仅有几十只，若双方交战，那罗马人简直就是以卵击石。

国王愁得不得了，想去搬救兵，但邻国的国王一听说阿拉伯人要发动大规模的海上进攻，各个都害怕起来，接着便以各种理由拒绝支持。

原因很简单：在当时的欧亚大陆上，阿拉伯人的实力是最强的。

拜占庭国王不敢将强敌压境的事情告诉自己的百姓，他怕引发全国的混乱，到时敌人还没到，这个国家就散了架，岂不是更糟糕？

可是，世上没有不透风的墙，王宫里的紧张情绪还是逐渐蔓延到了宫外，百姓们人心惶惶，有的愤怒、有的焦躁、有的害怕、有的绝望，大家认为不久之后自己必将一命呜呼，谁也不曾考虑到这个国家或许还有获胜的可能。

也许是天无绝人之路，这天，一个建筑师在工地上发现了一种奇特的现象，他马上动手做实验，结果兴奋得两眼放光，口中不停呼喊："我们有救了！我们有救了！"

他像疯子一样地冲出门，跑到王宫前，请求见国王一面，说自己已经有了制敌的方法。

国王当即将这个建筑师请进王宫，与对方彻夜详谈，制订出一套胜券在握的方案。

这一次，国王总算能睡个安稳觉了，他觉得自己从未像现在这样这么踏实过。

几天后，海平面上出现了阿拉伯战船的影子，罗马人惊呼道："完了！敌人要来杀我们了！"

整个君士坦丁堡都陷入悲痛之中，人们放声大哭，恨不得立刻服毒自尽，而在海边，国王的军队却胸有成竹地面对着强敌，等待指挥官的号令。

希腊火是拜占庭帝国所发明的一种可以在水上燃烧的液态燃烧剂，为早期热兵器，主要应用于海战中，"希腊火"或"罗马火"只是阿拉伯人对这种恐怖武器的称呼。

阿拉伯人越来越近，眼看还有一小段距离就可以上岸了。

"预备，放！"

罗马指挥官一声令下，罗马士兵们捧起一袋一袋的石灰，往海水中撒去。

顿时，海面沸腾起来，一股浓烈的火焰在海面上迅速蔓延，包围了阿拉伯人的船队，将罗马人的死敌烧得落花流水。

"罗马人会魔咒，他们能在海面上生火！"侥幸逃生的阿拉伯士兵回国后，跟中了魔似的，嘴里一直念叨个不停。

阿拉伯国王听说罗马人能让海水上燃起火焰，以为对方懂什么巫术，也不禁胆战心惊，再也不敢对拜占庭帝国进行任何侵袭。

那么，建筑师是靠什么办法来御敌的呢？

原来，他用的武器是石灰和石油。

士兵们先把石油倒入海里，由于油比海水轻，所以会漂浮在海面上，然后再倒入石灰，石灰遇水放热，点燃了石油，所以阿拉伯人的战船就被烧了起来。

在人类社会的早期，石灰就已经产生了，当时人们用它来作为饮酒材料和疗伤工具，后来才被用于土木工程之中。

石灰的属性如下：

成分：氧化钙。

颜色：白色或灰色。

制作方法：用石灰石、白云石、白垩、贝壳等经过九百至一千一百度的高温煅烧而成。

化学性质：

1. 熟化：石灰溶入水中时会放出大量的热，同时体积增大一点五至二倍。

2. 硬化：熟化后，石灰浆体因失去水分而干燥，同时浆体中的氢氧化钙溶液过于饱和，析出晶体，石灰就变硬了。

3. 碳化：硬化后，氢氧化钙会与空气中的二氧化碳反应，生成碳酸钙，便是碳化，不过碳酸钙在石灰表面会形成保护膜，所以碳化过程非常缓慢。

小知识

石油

石油是一种深褐色的黏稠液体，主要由各种烷烃、环烷烃、芳香烃组成，它是一种非常重要的燃料。

在中国北宋年间，石油就被大科学家沈括发现了，“石油”之名也是因沈括而来。

石油的用途非常广泛，我们平常接触到的日用品，很多就来自于石油。

目前关于石油有两点争议：有一部分人认为石油是由古生物的化石演变而成，因此是不可再生能源；而另一部分人则认为石油是由地壳里的碳生成，是可再生的。不过无论如何，我们还是应该节约石油，减少地球上的能源消耗。

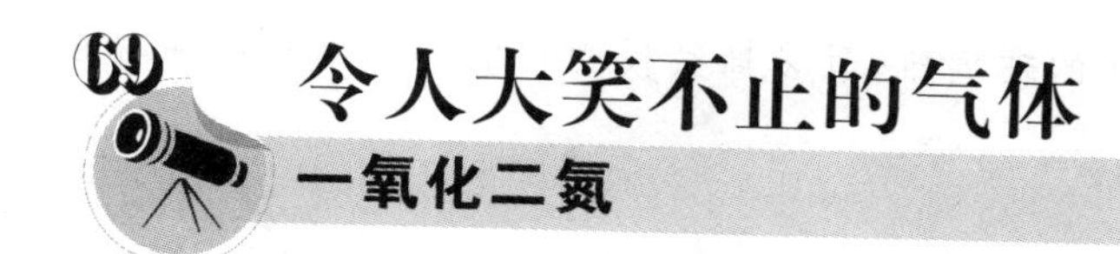

69 令人大笑不止的气体

一氧化二氮

当人处于逆境时，他还能笑得出来吗？

答案因人而异，但对十七岁的小店员汉弗莱·戴维来说，他肯定笑不出来。

因为家境贫寒，他不得不辍学去药房打工，从此以后他的脸上就总是挂满冰霜，变得让人不敢接近。

虽然后来戴维自学成才，成了一个小有名气的化学家，还有幸进入英国皇家学院，成为著名医学家托马斯·贝多斯的助手，可是还是高兴不起来，整天板着一张脸，让同事们敬而远之。

好在贝多斯教授也是个严肃的人，所以戴维与他在一起也算能相处融洽。

让人想不到的是，有一天，这对不苟言笑的科学家竟然在实验室里狂笑不止，笑声之大，使得路过的同事不胜惊讶。

同事们见笑声无法停歇，急忙推开实验室的门查看究竟。

只见贝多斯教授的脚下全是玻璃碎片，他的手指还在不断流血，大概是被玻璃割伤了，可是他似乎无暇顾及，因为他正在和戴维蹲在地上放声狂笑。

人们赶紧将贝多斯和戴维搀扶出实验室，这时两个人仍在笑，只是笑声小了一点。

又过了好一会儿，贝多斯和戴维终于冷静下来，开始抱住头，显得有点难受。

贝多斯教授开始回忆之前发生的事情，他对戴维说："真奇怪，我在吸了你配制的那瓶一氧化二氮后就一直想笑，没想到这种气体竟然有这样的作用。"

戴维点点头，表示同意。

忽然之间，戴维看到贝多斯手上的伤口，连忙惊呼道："教授，你的手受伤了！"教授这才发现自己挂了彩，他疑惑不解："奇怪，我根本就感觉不到疼痛。"

戴维心想，会不会是一氧化二氮有麻醉作用，所以教授不觉得疼痛呢？

回到实验室后，戴维重新配制了一氧化二氮，决定等到空闲下来再慢慢研究这种气体。

不久之后，戴维因为牙痛而去了医院，医生发现是有颗牙蛀了个大洞，就把戴维的蛀牙给拔了下来。

由于没有上麻药，戴维痛得脸都肿了，他心想，实验室里有很多化学药品，也许能帮上忙。

可是当他到了实验室后，却发现这个不合适那个不能用，不由得急得团团转。

好在，他看到了装一氧化二氮气体的玻璃瓶，贝多斯教授受伤的那一幕顿时浮现在他眼前。

就用这个救急吧！

戴维没有犹豫，打开了玻璃瓶塞，将鼻子凑到瓶口，嗅了几口一氧化二氮。他立刻哈哈大笑起来，而且一发不可收拾，笑了很久。不过令他欣喜的是，他的牙痛终于止住了。

由此，戴维证明一氧化二氮确实有麻醉镇痛的功效，他将这种气体取名为"笑气"，并推荐给外科医生。

结果，笑气在很长一段时间里成为外科手术的必备用品，它帮助病人减轻了很多痛苦。

笑气的属性如下：

外形：无色气体。

味道：甜。

作用：具有轻微麻醉功能，被用来作为车辆加速剂和火箭氧化剂。

危害：会破坏大气中的臭氧，引起温室效应。

笑气其实有两个独特的优点：作为麻醉剂，它能使人保持意识清醒，所以以前的牙医特别喜欢笑气；作为氧化剂，它无毒，所以能保证火箭、车辆安全地运行。

这一切都有赖于戴维的发现，才使这种气体能被人们广泛应用。不过近年来，科学家发现笑气对臭氧层的破坏极大，已呼吁人们控制笑气的使用量，如今笑气一般被当作表演道具使用。

小知识

汉弗莱·戴维最重大的贡献——煤矿安全灯

在戴维出生以前，煤矿工人在深井下工作往往充满了危险，因为他们需要照明，可是煤矿中充满了可燃性气体，一点点火星就可能会引发爆炸，所以工人们每次工作都像在走钢丝，命悬一线。

幸亏戴维用了三个月的时间发明了一种安全灯，这种灯由金属丝罩住，使得热能被导走，这样，矿井里的瓦斯就达不到燃点，无法爆炸了。

在一百多年里，煤矿安全灯一直被人们使用，直到一九三〇年以后，才被电池灯所取代。

70 得了怪病的观音菩萨

钠的氧化

菩萨也会得病？大概谁都不会相信。

可是对南宋一位老财主来说，这样的荒唐事确实发生了！

老财主信佛，满口都是"阿弥陀佛，积善积德"，可是谁也没见他做了多少善事，积了多少德。

他每天还是想方设法盘剥佃农的工钱，大鱼大肉吃得满嘴流油，倒将自己养得肥头大耳，像一尊佛。

老财主住在临安城，临安附近有座灵隐寺，他听说寺里的菩萨非常灵验，就专程去寺里烧香，并将一尊栩栩如生的观音像请了回来。

这座观音像有一米多高，柳眉凤眼的观音端坐于狮身之上，手拿净瓶，满身金光，面露微笑，仿佛能实现人世间的一切夙愿。

老财主小心翼翼地将观音安放在自家的佛堂之中，又带着家人虔诚地叩拜，口中念念有词："观音娘娘，请您保佑我们一家平安健康、财源广进啊！"

由于自己请来的这尊观音世间少有，老财主在多喝了几杯后有些得意忘形，忍不住夸耀道："这尊观音像虽不是黄金铸成，价钱却相当于黄金啊！"

佃农们听了暗骂："有什么了不起，观音大士都看在眼里呢！"

也许是老财主说了忌讳的话，过了一段日子，果然出了大事。

观音像表面的灿烂金光逐渐黯淡，像蒙上了一层污秽似的，显得越发陈旧。本来一脸喜气的观音，也像是得了什么怪病似的，一脸倦容，似乎没有精神再继续保佑老财主家的平安了。

老财主大吃一惊，以为自己说错了话，菩萨要来惩罚自己了，连忙拖着全家老小给观音磕头认错，还大把大把地烧香，又进献了很多果品糕点，希望观音大士能够笑纳。

哪知，在香烟缭绕中，观音的脸色越发阴沉，似乎已经病入膏肓，即将要离开人世一般。

老财主急得满头大汗，他连忙请来庙里的和尚做法会，希望能使观音菩萨尽快好起来，重新焕发之前的光彩。

佃农们见老财主那慌乱的神情，都不禁在背后偷乐，他们说，举头三尺有神明，平时老财主干那些坏事，观音都看在眼里，怎么可能帮坏人实现愿望？

最后，和尚念佛也不管用，观音仍旧是病恹恹的模样，让老财主胆战心惊。

老财主以为观音是在怪自己说了大不敬的话，因此心中甚是恐惧，由于日夜担心，他竟然疯了，成天叫嚷着："观音娘娘病了！观音娘娘病了！"

观音娘娘是真的病了吗？当然不是。

这尊观音铜像里有一种金属，叫钠，钠被氧化成氧化钠，使表面变得黯淡无光，所以菩萨就好像"病"了一般，外表再也无法恢复以前的光彩了。

灵隐寺供奉的观音菩萨像

钾、钠都是十九世纪英国化学家戴维电解出来的，当时他电解熔融的氢氧化钾，在阴极上出现了一些类似水银、具备金属光泽的小珠，有一些小珠立即燃烧，发出明亮的火焰，另一些则迅速黯淡下去，表面覆盖了一层暗灰色的膜。

这种金属就是钾，而变暗的过程就是钾的氧化反应。

几天之后，他又通过电解碳酸钠获得了金属钠。

钠单质呈银白色，质软，而且比水轻，它的性质非常活泼，能与水进行剧烈的反应，甚至会发生爆炸。

由于钠具备良好的导热和导电性，所以它与钾的液态合金还被作为核反应炉的导热剂。

小知识

功能强大的调味品——食盐

人类饮食需要食盐，而食盐中百分之九十九的成分都是氯化钠。

钠对人体有很多好处：调节人体水分；保持体内酸碱度平衡；是人体体液的组成部分；维持血压正常；增强神经肌肉兴奋性。

所以，人类需要摄入食盐，而食盐不仅可以被当作调味剂，也可用在其他方面，如消毒、美容、护齿洁肤、医疗、化工等等。

71 为火山背黑锅的管家

马提尼克岛上的银器

位于加勒比海域的马提尼克岛，曾被哥伦布盛赞为“世界上最美的国家”。十七世纪，法国殖民者来到这个迷人的岛屿，将其划归为法国的殖民地。从此，很多法国人来到岛上定居，到了二十世纪中期，该岛正式成为法国的一个海外省。

在马提尼克岛仍属于殖民地的时候，有一个名叫布鲁诺的商人在一年当中会定期在岛上居住半年。他在当地建了一座大别墅，还四处搜集各式古玩，珍藏在别墅里，他想，等自己老了以后，就可以在这个美丽的海岛上颐养天年啦！

布鲁诺让自己忠心耿耿的老管家波努瓦来打理这座别墅。

波努瓦侍奉了布鲁诺很多年，从未出过差错，深得主人的信任，布鲁诺相信，即便自己长时间不在，波努瓦也能照看好在海岛上的房子。

转眼又是半年过去了，布鲁诺再次来到马提尼克岛上，他兴致勃勃地来到自己的别墅里，左看看右看看，发现一切如旧，忍不住就想夸奖波努瓦。

就在这时，他抬头扫了一眼柜子，突然发现自己收藏的一件银壶的壶身好像蒙了一层灰，就把波努瓦叫来，吩咐道：“老管家，这个银壶是古罗马时代的，很珍贵，不要让它蒙上灰尘啊！”

老管家唯唯诺诺地应着，答应一定做好清洁工作。

可是几天之后，布鲁诺发现管家根本没有好好擦拭那些古董，不仅那个古罗马银壶越来越脏，连其他的银器也都变得暗灰，看起来十分不雅。

布鲁诺非常生气，马上叫来老管家问话：“波努瓦，你怎么越来越懒了？之前我叫你擦银壶，你不擦，其他的古董你也不管，你是不知道那些银器的价值吗？”

可怜的管家半张着嘴，始终无法插上话，等到布鲁诺发泄完，他才战战兢兢地解释道：“不是的，主人！我擦过了，可是擦不掉啊！”

“灰尘怎么可能擦不掉！我买回来的时候都检查过了，每件古董都非常光亮，我看你是不用心！”布鲁诺气呼呼地说。

老管家含着眼泪，无言地佝偻着腰，他知道主人正在气头上，根本不会听自己的话，只能暂且忍耐，找明原因再做解释。

布鲁诺确实很生气，他甚至考虑辞退波努瓦。

十几天后，马提尼克岛上的火山喷发了，空气中到处弥漫着一股呛鼻的硫黄味。

布鲁诺忽然醒悟到：也许银器变黑与火山喷发有关！

他急忙去请教岛上的一位学者，学者告诉他，火山在喷发前就会向空气中喷出一些硫化物，而银器会与硫化物发生反应，变成黑色的硫化银。所以，那些古董才会变"脏"，并且，那些"脏东西"是擦不掉的。

布鲁诺非常羞愧，他这才知道自己冤枉了忠诚的管家，就赶紧向对方道歉，主仆二人冰释前嫌，和好如初。

银是一种贵金属，在自然界中基本是以化合物的形式存在的，因此它被发现的时间比黄金要晚，以至于在古时候，它的价值比黄金还贵。

银的属性如下：

颜色：银白色。

密度：10.49 g/cm^3。

物理性质：导电和导热性是金属中最高的，具有极高的延展性。

化学性质：稳定，不易被腐蚀，但可溶于硝酸；长时间暴露在大气中，容易被空气的硫和硫的氧化物腐蚀。

银被硫腐蚀后，表面会出现一些微小的斑点，其实就是硫化银，时间一长，硫化银连成片，就变成了黑色，所以若想让发污的银恢复光泽，可以这样做：

1. 避免银制品接触潮湿的环境。
2. 每天将银制品用棉布擦拭干净然后密封保存。
3. 可用牙膏挤在发污的银制品上，然后用棉布擦拭，实在不行的话再使用洗银水。

小知识

银针试毒——硫与银的完美结合

古人施毒，常用砒霜，但是由于生产技术落后，砒霜中不可避免地含有了硫或硫化物，为了检验是否有毒，银针就粉墨登场了。

古人将银制成细长的针，这样连细微的地方都可以被全面地检测了，若银针变黑，也就是说生成了黑色的硫化银，就能被断定有毒。

不过银针试毒的方法不是百分百正确的，比如鸡蛋黄里也含有硫，银针插进去也会变黑，大概古人只能用试吃这一种办法来检查鸡蛋的毒性了。

让白娘子招架不住的酒

避邪的雄黄

在美丽的西子湖畔，流传着一个家喻户晓的美丽传说，那就是白娘子和许仙的故事。

白娘子是一个修行千年的白蛇精，她和自己的好姐妹、一个修行几百年的青蛇精一起化为人形，跑到人间去游玩。

在浓妆淡抹总相宜的西湖边上，白娘子遇到了许仙。一直在深山修行的白娘子没有见过多少男人，乍一看许仙长得很秀气，也挺讲礼貌，似乎是个好男人，便动了心。

为了吸引许仙，白娘子将自己伪装成一个富有的女子，偷来土豪劣绅的家财打造自己的身价，同时还造了两个有重大亲戚关系的"人"——姑父和姑母，让许仙以为白娘子从小就在这样一个圆满的家庭中出生，性格绝对没问题。

另外，白娘子还勤于打扮自己，加上温柔得体，让许仙整天泡在蜜罐里，神魂颠倒乐不思蜀。

就这样，单纯的许仙很快陷入深深的爱恋中，对白娘子死心塌地。

白娘子的手段并非不好，事实上，她那一套为自身增值的方法很值得当代女性学习，有谁会拒绝一个浑身都是闪亮点的人呢？

可是，白娘子却忽视了自己一个最大的缺陷——她是一条蛇，是不能跟人类在一起的。所以说，身上优点再多，也比不上一个致命弱点！

白娘子如愿和许仙成亲了，但很快，一个名叫法海的和尚找到了许仙。

法海煞有其事地告诉许仙，他的老婆是蛇妖，早晚有一天会吸光他的精气，到时他就一命呜呼了。

许仙半信半疑，但还是按照法海的吩咐，在端午节那一天准备了雄黄酒。

当天，白娘子没有出去，因为她知道满大街都是避邪的艾草，担心自己会因一时疏忽而现了原形。

至于雄黄酒，白娘子借口不胜酒力，再三推辞。

许仙却是个死脑筋，他觉得娘子不肯喝酒，一定有问题，就连哄带骗地说："那就喝一杯吧！这是端午节的风俗，大家都得喝。"

白娘子心想，就一杯酒，以自己的道行，应该可以应付过去。

于是，她娇羞地从许仙手中接过酒，一口将雄黄酒喝进肚里。

没想到，她刚喝了一杯就晕头转向，继而瘫倒在地。

就在许仙出去端菜的时候，白娘子现出了原形。

于是，许仙看到了令他惊恐的一幕：一条巨大的白蛇盘在床上，口中还"嘶嘶"地吐着殷红的信子。

许仙吓得屁滚尿流，慌忙向外逃窜，一不留神从楼梯上摔了下去，断气了。

白娘子悲痛欲绝，四处寻找能起死回生的药，终于救了相公一命。

后来，许仙也想开了，他觉得人与蛇也能在一起，便与白娘子重修旧好。

为何白娘子喝的雄黄酒有那么大威力呢？

原来，雄黄是剧毒元素砷的化合物，学名叫四硫化四砷，当它加热到一定程度时，就会被氧化，生成毒性极大的砒霜。

中医说，是药三分毒，尽管雄黄具有轻微的毒性，但对防虫防腐却有奇效，它也可以被制成中药，具有消肿、强心等功能。

不过，这种橘黄色的物质仍得谨慎服用，因为即使是药用的雄黄，里面也会含有百分之一的砒霜，用量太大很容易引起砷中毒。

小知识

雄黄的医用价值

为什么古人有喝雄黄酒的习惯呢？因为雄黄确实对人体健康有一定的帮助：抗肿瘤，镇痛，对一些皮肤病有杀菌消炎的作用。

当然，雄黄酒不可多喝，否则容易让人上吐下泻，严重者可能引发肝、肾功能的衰竭。

恐龙灭绝与光化学污染事件

需严格控制的臭氧

洛杉矶，位于美国西海岸，有“天使之城”的美誉。

这座城市仅次于美国纽约，人口规模和密度都非常大，也是很多外国人心中的移民圣地，如今已有越来越多的人迁移到这座大都市中。

可是在一九四三年的五月和十月，洛杉矶却成了人间地狱。当地的居民感到头痛不已，且眼睛、嗓子疼痛，进而呼吸困难，甚至有人丢了性命。

原来，从这一年开始，洛杉矶就被一种淡蓝色的毒雾所包围，而恰巧洛杉矶是三面环山的城市，因空气流动缓慢，毒雾不容易散发出去，致使人们被迫长时间地呼吸着有害空气，令健康大打折扣。

更要命的是，洛杉矶沿岸在春季和初夏会有洋流经过，这股洋流较冷，结果暖空气上升，冷空气下沉，高空形成了厚厚的逆温层，犹如帽子一样将洛杉矶盖住，使得有害的气体不能上升，从而无法飘过高山到达远方。

于是，一年之中，洛杉矶有三百天是被逆温层所覆盖的，可怜的洛杉矶居民终年被毒雾环绕，虽然想尽各种办法，却始终不能摆脱困扰。

就这样过了十几年，污染不仅没有消除，反而越来越大。

一九五五年九月，淡蓝色毒雾的浓度达到了前所未有的程度，短短两天，就有四百多名六十五岁以上的老人死于这种毒雾，引起了人们的极大恐慌。

整个城市都敲响了警钟，人们强烈要求政府给予调查和解释，并四处举行抗议活动。

政府赶紧成立调查研究小组进行研究。

刚开始，调查组以为是工厂排出的二氧化硫产生了有毒烟雾，后来才发现，汽车废气才是制造毒雾的肇事者。

原来，汽车会排放含有碳氢化合物的废气，当时洛杉矶有两百五十万辆汽车，每天就会排放出一千多吨的碳氢化合物，这些化合物与阳光发生作用，从而形成了一种刺激性极强的光化学烟雾。

那么这些碳氢化合物和阳光反应，产生了一种什么样的新型物质呢？

科学家们发现，反应的最终物质是臭氧。

臭氧虽然能够吸收紫外线，但在对流层中却是一种有害物质，会对人体造成极大的损伤。

可是，臭氧缺乏也不行，科学家推测，在白垩纪时期，由于臭氧的缺失，竟然导致了恐龙的灭绝。

据说，当时曾发生过一次大规模的海底火山爆发，使得大气中出现了大面积的臭氧层空洞。强烈的紫外线直接照射到恐龙的身上，让这些地球霸主的皮肤产生了病变，最后无一生还。

大自然对万物都有其特定的安排，比如臭氧，量不能太少也不能太多，而人类却总在破坏着自然的平衡，最终酿成了苦果。

大气层中的臭氧位于距地球表面二十五至三十公里的平流层中，它能吸收阳光中百分之九十的紫外线，确保人类的眼睛和皮肤不被紫外线灼伤。因此，一旦臭氧层遭到破坏，人类就会增加罹患皮肤癌的风险。

由于人类的工业活动增加，导致臭氧开始出现在贴近地面的对流层中。汽车排放的碳氢化合物在紫外线的作用下生成了二次污染物，这些污染物中有臭氧、固体颗粒和气溶胶，而臭氧则是主要污染物，所以科学家们一般将臭氧浓度的升高做为光化学污染的象征。

洛杉矶市烟雾弥漫，是空气污染所致。

小知识

臭氧层是如何形成的？

在平流层，紫外线非常强烈，氧分子容易在辐射作用下发生分解，使氧原子增加，所以臭氧就形成了。由于臭氧含量很高，就形成了臭氧层。

但是，由于人类使用氟利昂等制冷剂，使得氟化物将臭氧分解为氧气，导致臭氧无法再吸收紫外线，对人类健康和动植物的生存都有很大的影响。

74 世界上第一颗人造钻石的诞生

碳的转化

钻石是世界上最珍贵的宝石，因其纯净的颜色和璀璨的光泽而被人们所钟爱。

钻石是由金刚石雕琢而来的，而在自然界中，金刚石的储存量非常稀少，导致钻石不仅稀有，而且价格昂贵。人们往往会心生遗憾，觉得如果钻石能多一点该多好。

于是，有一位化学家就动了心思，他想，矿石是元素构成的，既然自然界能制造金刚石，人类为何不能制造呢？

他之所以会产生这个念头，还得从一次化学实验说起。

这个化学家名叫莫瓦桑，其实那一次他并没有做成实验，因为实验的道具被人偷了。

原来，他的实验工具是一种镶嵌有金刚石的特殊器具，那天，当莫瓦桑来到实验室准备开工时，他惊讶地发现那个器具不见了。

助手们都帮助莫瓦桑一起寻找，一个眼尖的助手惊呼道："快看！门好像被撬过了！是不是有小偷进来过？"

莫瓦桑仔细查看，果然发现门锁被小偷光顾的痕迹，他只好自认倒霉。

小偷偷金刚石器具，无非是因为金刚石非常贵重。这时莫瓦桑突然一拍双手，情不自禁地说："如果我能造出人工金刚石，就不会再为今日的事难过了！"

他说到做到，开始分析金刚石的成分。

不研究不知道，一研究吓一跳，莫瓦桑没料到，金刚石竟然是由碳元素构成的，而碳，在现实生活中是特别柔软的物质。

碳元素肯定是经过化学反应才变成金刚石的，莫瓦桑心想。

那又会是什么样的化学反应呢？

上天很快给了他启示。

几周后，一位名叫弗里德尔的矿物学家来法国科学院开讲座，莫瓦桑觉得也许可以学习到一些矿物知识，就去参加了。

弗里德尔在演讲期间，对众人讲述了陨石的构造，他声称，陨石实际上是个大铁块，只不过这块硕大的铁里含有很多金刚石晶体。

莫瓦桑听到这里，眼睛倏地瞪直了，一瞬间，他的脑海中爆发出无数灵感，他想，肯定是铁中含有碳元素，铁块在聚合过程中使碳变成了金刚石。

他兴奋得手舞足蹈，听完讲座后立刻赶往实验室，开始尝试最新的制作方法：在熔化的铁里加进碳，使碳在高温高压下结构发生变化，最后生成金刚石晶体。

石墨和碳之所以会转变成金刚石，就是因为受到了极大的压力，而炙热的铁汁在加入冷水的刹那间会产生一股强大的压力，迫使柔软的碳转化成坚硬的金刚石。

莫瓦桑成功研制金刚石的消息很快传了出去，立刻成为爆炸性的新闻，人们欢呼雀跃，称赞莫瓦桑发明了制造巨额财富的办法，从而对他顶礼膜拜。

在人造钻石刚被发明出来的时候，由于技术不成熟，少量氮原子进入钻石晶体，因而这种钻石不是很透明，带有黑色。但随着技术的改进，如今的人造钻石与天然钻石已经在外观上没有区别了。

不过，人造钻石仍旧有一个缺陷，而且是改变不了的，那就是它带有磷光现象。

所谓磷光现象，就是指，即便去掉光源，人造钻石依然能发出微弱的光芒。这是因为，天然钻石的分子结构是八面体，而人造钻石的分子结构却比八面体还要复杂许多，所以自身在无光源的情况下仍会产生发光现象。

小知识

碳与金刚石——同族不同命

碳与金刚石是同素异形体，也就是说，二者由同样的元素构成，但形体却不一样，而且二者都是碳单质，化学性质完全相同。

碳是最软的矿石，金刚石则是最坚硬的矿石之一，二者之所以命不同，是因为碳的原子是正六边形的平面结构，而金刚石的原子是立体的正四面体结构，所以金刚石的硬度要远在碳之上。

75 会呼吸的石头

煤气的诞生

孩子天性爱玩，这并非是什么坏事，有时候，一些新奇的发明，往往能够“玩”出来，进而造福人类。

地球上拥有着丰富的煤炭资源，而人类在很早以前就懂得如何使用煤炭为自己增加热量。

不过古人对煤炭的利用有限，往往造成了极大的浪费，并且煤炭在燃烧时放出的大量黑烟也对大气造成了极大的污染。

直到英国化学家威廉·梅尔道克的出现，才改善了这一状况。

梅尔道克还是个孩子时，就非常喜欢去自己家附近的山上玩。

山上有一种页岩，用火一点就能着，所以孩子们都不顾大人的呵斥，总是偷偷地挖页岩来玩。

可是梅尔道克的想法和别人不一样，他认为，如果我把这些石头煮一煮，又会发生怎样的变化呢？

后来，他就真的挖出一块页岩，回家后把石头放入空的水壶中，然后用火加热水壶的底部。

很快，水壶里就开始发出响声，然后壶嘴不断地往外冒白气。

梅尔道克非常好奇，就划了一根火柴，放到壶嘴旁边，想看看那些气体会不会被点燃。

谁知火焰刚一接近壶嘴，火焰就升腾起来，吓得他赶紧收手。

然而，梅尔道克并没有心生恐惧，他反而拍着手叫道：“石头还会呼吸，真好玩！”说完，忍不住哈哈大笑起来。

后来，梅尔道克长大了，成了一名化学家，可是他仍旧没有忘记小时候煮页岩的事情。

当他开始研究煤炭时，他才明白原来页岩里蕴含着煤炭，小时候发生的事情不禁又在他脑海中浮现。

梅尔道克顿时来了兴致，想要再进行一次实验。

他将一块煤放入水壶中，然后观察壶里的变化。

不久后，水壶里果然发出了响声，同时，白色的气体也慢慢散发出来，空气中开始弥漫着一股呛鼻的味道。

梅尔道克赶紧用一根长玻璃管对准壶嘴，然后在玻璃管的另一头划上一根火柴。

顿时，玻璃管喷出了蓝色的火焰，并且在火柴燃尽后仍在持续燃烧，一直等到水壶中的煤烧完才彻底停止。

“我猜得果然没错！”梅尔道克高兴地说，“我就知道煤燃烧后得到的气体也能燃烧。”

于是，梅尔道克将此种气体称为煤气，并发明了煤气灯，还申请了专利。

梅尔道克成了大富翁，他后来每逢谈到自己的发迹史，总要得意地说：“都是小时候爱玩，所以今天才会这么有钱的！”

煤气是如今人们日常生活中不可缺少的燃料，也是化工厂的重要原料之一。

按照不同的成分，可分为两类：

1. 低热值煤气：这类煤气的主要成分是一氧化碳，是由空气中的氧气或氧气与水蒸气的混合物直接与煤炭燃烧而生成的气体。

2. 中热值煤气：也叫焦炉煤气，由煤炭或焦炭干馏而得，主要成分是氢气和甲烷，另有少量的一氧化碳、二氧化碳、氮气、氧气和其他烃类。

由于煤气中含有大量的可燃气体，极易形成爆炸性混合物，且煤气的主要成分一氧化碳有毒，所以人们在使用时应当高度重视，以防有中毒或者爆炸的事故发生。

小知识

一氧化碳中毒的原理

一氧化碳被人体吸入后，会与血液中的血红蛋白结合，而血红蛋白是人体输送氧气和二氧化碳的工具，所以人一旦吸入了一氧化碳，就会发生组织缺氧的状况，引发窒息，严重者可导致死亡。

76 煲汤烧出的美味

"味精之父"池田菊苗

在饮食界，有一味调味料曾受到大众的热烈欢迎，只要添加了它，菜肴的味道就会变得非常鲜，令人垂涎欲滴。

该调味料就是味精。

尽管到了现在，很多人已经知晓了味精对人体的坏处，不过仍有一些餐馆喜欢添加味精，以增加菜肴的鲜度。

味精的发明产生于二十世纪初，归功于日本化学家池田菊苗。

池田菊苗有一个贤惠的妻子，平时池田在大学里当教授，忙得脚不沾地，他的妻子就在家收拾屋子，照料老人和孩子，一家人生活得其乐融融。每天晚上，池田都会准时回到温暖的家里，和父母、妻儿共进晚餐，即便他下班晚了，家人也还是会一起等他，池田家就是这么恪守规矩。

有一天，池田菊苗又加班了，结果回来的时候饭菜都有些凉了，他非常抱歉，但温婉的妻子却笑道："你工作这么辛苦，我们等你一下也是应该的，我去把饭菜热一下。"

说完，她就端着盘子走进了厨房。

当池田的妻子热黄瓜汤的时候，她看到砧板上剩余了几根海带，就把海带放入汤里，热完之后重新端上桌，给丈夫盛了一碗。

池田菊苗早就饿了，他狼吞虎咽地吃着，又给自己灌了一大口黄瓜汤。

忽然，他的动作慢下来。

他惊奇地瞪大眼，望着妻子，问道："你在汤里加了什么？"

妻子见丈夫的表情有异，以为出了什么事情，便犹豫地回答道："黄瓜啊！"

"除了黄瓜呢？"池田菊苗追问道。

"盐？"妻子见丈夫表情严肃，确定真发生什么事了，顿时手足无措。

池田菊苗却陷入了深思，他喃喃自语道："奇怪，今天的汤怎么会这么鲜啊！"

在好奇心的驱使下，他用汤匙搅动了几下黄瓜汤，发现汤里有黄瓜、纳豆，但这些都是妻子做汤常放的食材，而他并没有吃出什么鲜味。

当他再次搅动汤匙时，海带出现了。

也许这就是答案！池田心想。

化学家就是不一样，一般人可能会忽视掉的烹饪技巧，到了化学家的眼里，就变成了奇特的化学反应。

池田开始研究海带的成分。

经过半年的不懈努力，他终于提取出一种叫谷氨酸钠的物质，因为该物质能使菜肴的鲜度提高，池田就将其命名为“味精”。

后来，他又发现，原来谷氨酸钠不只藏在海带中，还蕴含在小麦和脱脂大豆里，这使得味精的产量大大提高，以致能扩展到全世界。

池田因此申请了味精的专利，还成立了“味之素”公司，他的名字因味精而被世人熟知。

池田菊苗

味精是一种白色柱状晶体或结晶性粉末，主要成分为谷氨酸和食盐。

谷氨酸是蛋白质最后分解的产物，是氨基酸的一种，所以在常温常压情况下，对人体是有益的。

谷氨酸钠易溶于水，不过在固态情况下，只有当温度达到两百二十度时才会熔化，所以不难理解为什么当我们去饭店吃炸鸡等食物，仍能从炸鸡的表面看到凝固着的大量味精。

味精到底有多鲜呢？以下数字可以说明：

◎两百倍：普通蔗糖用水冲淡两百倍，甜味会消失。

◎四百倍：当食盐用水冲淡四百倍时，咸味就会丧失。

◎三千倍：将味精用水冲淡三千倍时，鲜味犹在！

小知识

味精是否对人体有危害？

科学家证实，味精在一百度时加热半小时，约能生成百分之零点三的焦谷氨酸钠，焦谷氨酸钠虽然本身没毒，但会使鲜味丧失，而且会限制人体对镁、钙、铜等矿物质的吸收，还会导致人体缺锌。

所以，有些人在过多地食用味精后出现了视力下降、掉头发的症状。

另外，味精在碱性环境中，会产生化学反应，生成谷氨酸二钠，这种物质是对人体有害的，所以味精的存放环境一定要加以注意。

77 第一块安全玻璃的问世

神奇的乙醚

玻璃，在人们的心中总是易碎的，但是科技总是想挑战高难度，很多看似不可能的事情，竟然在化学家手中化腐朽为神奇。

一九九八年二月九日，一个月黑风高的夜晚，格鲁吉亚总统正乘坐着自己的轿车行驶在回家的路上。

突然，车辆前方猛地跳出二十多名杀手，然后便是一通疯狂的扫射，还扔出了手榴弹。看来歹徒们是想彻底置总统于死地。

当密集的枪声消散后，总统的轿车已经快成了一堆废铁，但令人惊讶的是，总统居然安然无恙！

奇迹是怎么发生的呢？

原来，多亏德国政府送给总统的这辆价值五十万美元的防弹汽车，总统的轿车不仅金属材料防弹，玻璃也是安全玻璃，所以子弹无法穿透，这才让总统捡回一命。

那么，第一块安全玻璃又是怎么发明出来的呢？

这要归功于法国化学家贝奈第特斯，是他用化学作用重新定义了玻璃的概念。

有一天，贝奈第特斯在实验室里配制药剂，由于实验桌上的瓶瓶罐罐实在太多，贝奈第特斯可能有点放不开手脚，当他转身之际，他的衣袖扫到了几瓶试管上，将玻璃瓶打翻在地。

“糟糕！”贝奈第特斯大叫一声，赶紧收拾地上的玻璃残渣。

由于怕受腐蚀，他戴上了手套，开始小心翼翼地检查每个破碎的玻璃瓶里装的化学物质，决定再重新予以配制。

有一个玻璃瓶没有坏，于是被他放到了一边，其他的玻璃瓶则都碎得不成样子，被贝奈第特斯捡起后扔进了垃圾桶。

忽然，一个疑问在贝奈第特斯心头冒了出来：那个玻璃瓶怎么没有坏呢？明明掉在地上的玻璃瓶的材质都是一样的啊！

他赶紧将没有被打碎的玻璃瓶拿到手中，仔细地查看，发现瓶身上除了有一些小裂纹之外，基本上完好无损。

“为什么会这样呢？”贝奈第特斯嘟囔着，嗅了嗅瓶口。

原来瓶子里曾经装过溶解了硝化纤维的乙醚溶液。

“怪不得，硝化纤维在乙醚的作用下形成了一层薄膜，将瓶子的内壁牢牢地黏住了！所以瓶子才没碎！”贝奈第特斯兴奋地说。

当明白了这点后，贝奈第特斯按捺不住激动之情，做了很多实验，证实硝化纤维薄膜具有高效黏合的功能。

不过光是一层玻璃加一层薄膜，仍旧不够坚固，有什么办法能够使玻璃的硬度加强呢？

贝奈第特斯绞尽脑汁想改善硝化纤维薄膜的成分，可是事与愿违，他发现似乎没有物质能比硝化纤维更适合做薄膜的了。

他的助手见他如此苦恼，就开玩笑地说：“一块玻璃不行，就用两块！”贝奈第特斯如醍醐灌顶：对呀！两块玻璃不就更加坚固了吗！

他连忙找来两块玻璃，并在玻璃之间涂上一层硝化纤维薄膜，又经过反复实验，终于发明了第一块安全玻璃。

由于这种玻璃抗摔，还能抵御地震带来的剧烈震动，所以贝奈第特斯将这块玻璃命名为防震玻璃，这就是如今的安全玻璃的开山鼻祖。

乙醚是一种无色有刺激性气味的透明液体，它是醚类中最典型的化合物，如今医生做手术的麻醉剂就是用的乙醚。

乙醚容易蒸发，其蒸气比空气重，它的性质如下：

1. 乙醚能在空气里缓慢氧化成过氧化物、醛和乙酸，过氧化物在温度达到一百度以上时会发生剧烈爆炸。

2. 当乙醚遇到无水硝酸、浓硫酸、浓硝酸的混合物时，会发生爆炸。

3. 乙醚可溶于苯类、石油醚、油类和低碳醇，微溶于水。

4. 乙醚可作为油类、染料、脂肪、树脂、硝化纤维、香料等的优良溶剂。

5. 由于乙醚易挥发，还易生成易燃易爆物质，所以需小心储存。

浪费掉的财富

雨衣创始人麦金杜斯

在美洲，有一种橡胶树，当树皮被划破时，树干就会分泌出一种黏稠的液体，当液体凝固后，就成了橡胶。

当年哥伦布发现美洲时，他并不知道橡胶是怎么生成的，所以对橡胶非常感兴趣，还将一个橡胶球带回了欧洲。

欧洲人也对橡胶十分好奇，他们不明白为何这么一个黑色的小玩意儿会一蹦三尺高，简直太不可思议了。

很久以后，人们才逐渐明白橡胶的由来，并将其广泛应用于各种行业，但是，在关系到人们日常生活的日用品领域，人们却忽视了一个重大商机。

更为可惜的是，英国工人麦金杜斯发现了这个商机，却没能好好利用，反将成果拱手让给了他人，实在令人扼腕。

在一八二三年的一个夏天的傍晚，天空又下起了滂沱大雨，在橡胶厂工作的麦金杜斯计算着下班时间，开始心不在焉起来。

他一不留神，将橡胶溶液滴在了外套上，就连忙拿着抹布去擦。但事与愿违，橡胶溶液不仅没有被擦掉，反而糊在了衣服上，像一层无法铲除的锅巴，怪难看的。

麦金杜斯叹了一口气，他平时衣服没几件，只有身上的外套是比较新的，因而也是他最喜欢的，可惜今天出了这么一档事，他连唯一的一件好衣服也没了。

算了，又没破，继续穿吧！麦金杜斯安慰自己。

于是，他穿着涂了橡胶的外套回家了。

回家后，他发现自己的外套从外到内都湿了，就是涂了橡胶的地方没有湿。他觉得很新奇，就拿水去滴那块浸有橡胶溶液的衣料，结果发现衣料果真如同涂了防水胶一样，一点都不怕水。

麦金杜斯灵机一动，第二天，他来到工厂后，干脆将昨天沾有橡胶溶液的外套整个涂抹上橡胶，于是，人类历史上的第一件雨衣生成了。

以后，每逢刮风下雨，麦金杜斯总是乐呵呵的，他觉得自己的外套平常可以穿，下雨天还能防水，真的是一衣两用，赚到了！

后来，其他工人知道了麦金杜斯的秘密，也学着做雨衣，结果橡胶雨衣的名声逐渐大起来，被很多人知道了。

此事传到了一个叫帕克斯的化学家的耳里。帕克斯也动手做了一件雨衣，可是令他失望的是，这种雨衣硬邦邦的，穿在身上很不舒服，并且一点也不美观。

不过帕克斯没有放弃，他要改良雨衣，使之成为受大众欢迎的用品。

帕克斯对雨衣进行试验的消息也传到了麦金杜斯的耳中，可是他一点也不在意，只要能每天按时上下班，然后有一件防水的雨衣就够了，其他的，麦金杜斯觉得都是在白费力气。

十几年后，帕克斯终于成功了，他用二硫化碳溶解橡胶，然后将溶液涂抹在衣料上，使得雨衣既舒适又美观，一问世就受到了人们的热烈欢迎。

帕克斯还申请了专利，并将专利卖给了一个名叫查尔斯的商人，获得了一笔巨额财富。

这时麦金杜斯才后悔莫及，作为第一个发明雨衣的人，他到最后收获的，仅仅是让自己的名字成为英语中人们对雨衣的称呼。

橡胶是一种弹性极强的聚合物材料，在室温条件下，能在受到挤压后迅速恢复原形。

这是为什么呢？

因为橡胶的分子链是可以交互的，所以无论是何种形状，橡胶总能保持稳定的性质。

橡胶可分为天然橡胶和人工橡胶。天然橡胶是由一种三叶橡胶树流出的胶乳凝固并干燥而成，它的基本成分是橡胶烃，而人工橡胶是采用热塑性塑料加工而成。天然橡胶的价格比人工橡胶要贵许多。

小知识

橡胶老化的原因

橡胶在使用过程中会逐渐发生龟裂、发黏、变硬、变色、变软、发霉等老化现象，这些现象是如何产生的呢？

1. 氧化：氧与橡胶分子发生反应，致使橡胶的分子链发生断裂。
2. 热分解：温度过高时，橡胶分子的分子链会断裂。
3. 光分解：光能同样对橡胶分子链有破坏作用。
4. 水溶解：橡胶中有亲水物质，容易被水溶解。
5. 油溶解：油类能使橡胶溶胀。
6. 机械外力：机械力过大，橡胶分子链就会产生断裂，引起龟裂现象。

79 红酒杯中的魔术

贝采里乌斯与催化剂

贝采里乌斯是瑞典著名的化学家，他一生的科学贡献颇丰，比如发现了硅、硒、钍、铈元素，被誉为“有机化学之父”。

不过这些的吸引力都比不上一个“魔术”，正是这个“魔术”，让贝采里乌斯为人们所津津乐道。

故事发生在一百多年前的一个秋日，那天，贝采里乌斯一整天都泡在实验室里，几乎忘了晚上还有一个重大的宴会——妻子玛利亚的生日晚宴。

天色已晚，忙昏了头的贝采里乌斯才猛地一拍脑袋，暗叫：“不好，今天是老婆生日，老婆要生气了！”

于是，他匆忙披上外套，连手也没有洗就回家了。

他刚踏进家门，就发现家中站满了前来道贺的亲朋好友，玛利亚虽然面带不悦，却还是大方地递给丈夫一杯酒，让他与众人碰杯。

贝采里乌斯看着杯中的红色液体，笑着问妻子：“什么酒？烈酒我不喝。”

妻子正在生气丈夫晚归，便开玩笑道：“就是烈酒，你不喝也得喝！”这时，宾客们涌到贝采里乌斯的面前，一起向他敬酒。

贝采里乌斯见大家非常热情，也不好意思说要去洗手，就将杯中的酒一饮而尽。

突然之间，贝采里乌斯皱眉道：“玛利亚，你怎么给我倒了杯醋啊！”

玛利亚愣住了，宾客们则捂着嘴偷偷地笑。

玛利亚疑惑地说：“我明明给你倒的是蜜桃酒。”

说完，她拿起半瓶蜜桃酒，再次给丈夫倒了一杯，然后关切地说：“你再喝喝看，刚才我就是从这瓶酒里倒给你的。”

贝采里乌斯端起杯子，浅酌一口，马上又苦着脸说：“不对！还是醋！”

玛利亚不相信，她说：“其他人喝的都是酒，怎么跑到你杯子里就变成醋了？”

她抢过丈夫的杯子，将蜜桃酒一饮而尽。

很快，她神色大变，将酒猛地吐了出来，惊讶道：“真的是醋！”

“你们夫妻在变魔术吧！让我们也尝尝醋，如何？”围观的宾客们打趣道。

玛利亚也糊涂了，她跟其他人解释道：“真的，我倒的真的是酒，但是不知为何，喝下去就成了醋！”

听了妻子的话，贝采里乌斯的心头涌起了大大的疑团：难道真的是红酒杯中有魔术吗？

他不禁向杯中看去，赫然发现酒杯里沉淀着一些黑色的粉末，这才想起自己手上还沾有从实验室里带出来的铂黑粉末。

这些粉末是他在研磨铂矿石时沾上去的，可能就因为铂黑，酒精才会加速和空气中的氧发生反应，从而生成了醋酸。

贝采利乌斯在推算出这个结论后非常开心，他经过深入研究，在一八三六年发表了一篇论文，首次提出“催化剂”的概念。

他认为，在化学作用中加入某些物质，可以使反应的速度加快，而催化剂的作用就被称为“催化作用”或“触媒作用”。

在工业上，催化剂被称为触媒，它能加速化学作用，但是在反应前后，它的质量、化学性质不会发生任何变化。

关于催化剂的组成：它可以是单一的化合物，也可以是混合的化合物。

关于催化剂的作用：不同的催化剂可以产生不同的效果。

不过，催化剂并不是一把万能钥匙，只有在它能发挥作用的化学反应中，它才能发挥催化的效果，但是一种反应可以有好几种催化剂。

比如：氯酸钾受热分解的反应中，催化剂可以是二氧化锰、氧化镁、氧化铁、氧化铜等。

小知识

食醋的主要成分——醋酸

酒精，也就是乙醇，在经过氧化作用后会生成醋酸。

醋酸也叫乙酸，是一种有机酸，也是人们日常调味料食醋的主要成分，醋里的气味和酸味就来自于醋酸。

醋酸是弱酸，所以有轻微的腐蚀性，但是醋的好处有很多，它能美容，对高血压患者具有一定的保健作用。

80 灰烬里的明珠

“混血儿”玻璃

在二十一世纪，玻璃成为最常见的建筑材料，并在日常生活中发挥着重要作用。

不过，早在公元四世纪的时候，玻璃就已经被罗马人制造出来了，还被广泛用于门窗之上。

可是玻璃是一种经过化学反应生成的物质，在古代，人们是怎么发现玻璃的呢？

这还得从三千年前说起。

当时，欧洲的腓尼基人经常出海采矿，有一次，一支船队从一处盐湖中发现了大量的苏打石，他们非常高兴，就不停地挖矿，挖出了很多白色的矿石晶体。

苏打石是碱矿的一种，主要成分是碳酸氢钠，可制碱。船员们装了一船舱苏打石之后，因为收获颇丰，所以心情极为愉快，就驾着船开始往回走。

当船进入地中海沿岸的贝鲁斯河时，突然遭遇海水落潮，结果商船被迫搁浅，船员们纷纷上岸，试图将船推回河中，奈何装满了矿石的商船纹丝不动，大家只得作罢。

这时候，天色已经渐渐暗下来，船员们觉得连日辛苦操劳，不如今晚就好好休息一下，明日等涨潮再走，于是就从船上搬来大锅，准备生火做饭。

可是沙滩上都是细密的沙子和残破的贝壳，连一块能架锅的大石头都没有，这不免让船员们很为难。

还好有一个机灵的船员想出了一个办法：“把那些苏打石搬来几块不就能架锅了吗？”

大家都笑起来，赞叹这个主意好，于是有几个船员搬来了石头，大家一起烧起了热腾腾的饭菜。

这顿饭吃得很热闹，大家头顶繁星，听着海涛起伏的声音，一边吃饭一边开玩笑，既有趣又有情调。

等到将锅碗收走，有人忽然指着锅底灰烬喊了一声：“快看！那些亮晶晶的是什么东西？”

众人借着灿烂的星光循声望去，果然看到灰烬里有一些发光的物体。

大家连忙把草木灰扒开，顿时，几块晶莹透明的东西出现在船员们的面前，而在这些东西的表面，还沾有一些石英砂和融化的苏打石。

“之前可没有这东西啊！”有些人疑惑地说。

“会不会是石英砂和苏打石混在一起一烧，就变成了这种玩意儿？”又是那个机灵的船员在说话。

大家纷纷点头，觉得很有可能是这个原理。有船员笑道：“我看我们找到了比苏打石要贵重很多倍的东西！”

“是啊，不虚此行啊！”其他人笑着回应。

回国后，船员们将石英砂和天然苏打放入锅炉中熔化，制成透明的玻璃球，果然赚了很多钱，而玻璃也随之走进千家万户，成为大众的常用物品。

玻璃工艺品

玻璃的主要成分为硅酸盐，是二氧化硅的氧化物，而石英砂是石英石的颗粒物，主要成分就是二氧化硅，所以古人用石英砂制作玻璃是聪明之举。

如今，人们制作玻璃的原料为石英砂、纯碱、长石及石灰石，若在反应中添加其他化合物，就能制成不同颜色和不同用途的玻璃。

玻璃的发展历程如下：

远古时代：火山喷发，熔化的酸性岩喷出地表凝固而成。

三千七百年前：古埃及人制造出了有色玻璃饰品和器皿。

一千年前：中国制造出了无色玻璃。

十二世纪：出现了商品玻璃。

十七世纪末：纳夫制作出了大块玻璃。

十八世纪：光学玻璃诞生。

十九世纪：比利时制出平板玻璃。

小知识

老式玻璃为何会发紫？

玻璃原本呈现出的是绿色，人们在玻璃的制作过程中加入二氧化锰，使得铁离子呈现黄色，锰离子呈现紫色，黄与紫混合后就变成了白色。

可惜年代一久，锰离子持续氧化，紫色会越发明显，所以老式玻璃就会发紫了。

81 挽救濒死之人的福星

抗菌的苯酚

在十九世纪，外科手术远不像如今这么安全，很多人一听到医生说要动手术就吓得直打哆嗦，有的甚至情绪激动，坚决不肯在自己身上动刀。

为何病人们要如此坚定地拒绝挽救自己生命的外科手术呢？

因为在那个时代，经常会出现术后感染，而且死亡率非常高，所以大家都对手术有心理阴影，觉得这是要夺人性命的行为。

一八六一年，英国的约瑟夫·李斯特前往格拉斯哥皇家医院，成了一名外科医生，本着救死扶伤的职业精神，他对医院里的手术患者大量死亡的事件心急如焚。

基本上，病人在手术后都会出现术后并发症，得一些比如坏疽病之类的高风险疾病，李斯特发誓一定要杜绝这种情况的发生，让手术变得安全起来。

于是，他决定去视察病房。当病房的门被推开的一瞬间，李斯特非常吃惊！

房间里有七、八个病人，他们所用的杯子等用品都很不干净，甚至床沿上也积了一层厚厚的灰尘，而房内的空气里也有股呛鼻的味道，闻起来很不舒服。

这时阳光从窗户里透进来，在金色的光线中，无数细小的灰尘在空中飘浮，看得人触目惊心。

李斯特厉声问护士："为什么不好好打扫病房？"

年轻的护士低着头，嗫嚅道："以前没有吩咐要打扫过……"

李斯特严肃地说："从今天起，每个病房都要打扫干净，不能偷懒！"

从此，病房变得整洁了很多，可是令李斯特揪心的是，手术病人的死亡率仍保持高比例。

李斯特很着急，他专门召开研讨会，讨论这个问题。

很多医生认为是医院周围的有毒蒸气导致了病人的感染。可是为什么那些蒸气只针对动过手术的病人，而对一般的病患不起作用呢？

带着这些疑问，李斯特冥思苦想了好几年，终于在一八六五年找到了答案。

那一年，他从法国生物学家巴斯德的论文里学到了细菌知识，他幡然醒悟：原来病人的伤口感染是

约瑟夫·李斯特

由细菌引起的！

那该如何抑制细菌呢？

李斯特心想，术后再进行杀菌肯定为时已晚，不如在术前就做好防范措施，才能在最大程度上减轻感染。

于是，他又开始为寻找杀菌药物而忙碌不堪。他翻阅了大量书籍，又尝试过很多消毒剂，终于寻找到了一种有效的化合物——石炭酸。

石炭酸就是苯酚，李斯特将苯酚溶液喷洒在手术室里，还喷在外科医生的手上，获得了令人惊喜的成果。

病人的术后死亡率显著下降，在短短四年时间里，竟由百分之四十五减到百分之十五！

李斯特备受鼓舞，在此后的几十年里，他都在积极地对外推广苯酚这种手术消毒剂，并获得了人们的普遍认同，他的灭菌原理拯救了许多病患的生命，为人们所崇拜和敬仰。

苯酚是一八三四年由德国化学家龙格在煤焦油中发现的，石炭酸之名由此而来。

苯酚的属性如下：

颜色：白色。

外形：有特殊气味的无色针状晶体。

性质：常温下微溶于水，易溶于有机溶剂；在空气中被氧化成粉红色的醌；温度高于六十五度时，能与水按任意比例互溶。

作用：苯酚能消毒、杀菌、止痒、治疗中耳炎，还是阿司匹林等药物的重要原料。

危害：会强烈地腐蚀皮肤和黏膜，还会抑制中枢神经，并造成肝肾功能的衰竭；苯酚是易燃物，应小心存放。

小知识

医用消毒药水的种类

1. 酒精：百分之七十至百分之七十五浓度的水溶液可用于皮肤表面的消毒。
2. 苯酚：百分之三至百分之五浓度的水溶液可用于手术器材消毒。
3. 新洁尔灭：百分之五浓度的水溶液可用于皮肤、医药器材消毒；
4. 双氧水：百分之三浓度的水溶液可用于清洁伤口。
5. 紫药水：百分之一浓度的乙醇、水溶液可用于皮肤黏膜感染及烧伤、烫伤。
6. 碘伏：百分之一或以下浓度的水溶液可用于烧伤、冻伤、擦伤、刀伤等伤口的消毒。

偷懒调出风靡全球的饮品

可口可乐

如今哪种饮料风靡全世界？

答案是：可口可乐。

这种甜中带酸的焦糖色汽水自发明以来就迅速掳获了人们的心，成为称霸全球的饮品。

可是谁又能猜到，可口可乐原本不是饮料，而是一味药，只是由于它的味道太好了，才使自己的功能发生了变化。

一八八五年的一个中午，在美国佐治亚州亚特兰大市的一个小镇上，有个名叫约翰·斯蒂斯·彭伯顿的药剂师正在药店里悠闲地午休。他刚饮用了一些古柯酒，脑袋有些昏沉，丝毫没注意店里来了一个十岁的小男孩。

"有人吗？"男孩捏着钱，怯生生地问。

他的额头只比柜台高那么一点点。

彭伯顿即将进入梦乡，并未听到男孩细如蚊蝇的询问声。

小男孩见店里无人应答，只好又加大嗓门问了一遍。

这一次，彭伯顿被吵醒了，他揉着眼睛，不停地打哈欠，脸上带满愠色，起身问道："谁呀？"

"老板，我爸让我来买治疗头痛的药水。"男孩眼睛盯着地面，小声地说。

彭伯顿半睁半闭着眼睛，略暴躁地说："古柯科拉？"

"是的。"小男孩点头道。

于是，彭伯顿开始翻箱倒柜去找管头痛的药水，然而，他找了好半天才发现，店里的古柯科拉卖光了。

怎么办呢？镇上就自己这一家药店，要是连治头痛的药都没有，还不得给人笑话？

彭伯顿非常郁闷，他的目光扫到了自己刚才喝的古柯酒上，忽然想到一个主意：反正古柯酒也能治头痛，就随便配一味药给顾客，又没有毒。他便在古柯酒里加上苏打水和糖浆，搅拌均匀，然后卖给了小男孩。

终于可以休息了！

彭伯顿满意地打了个哈欠，又忙着跟周公约会去了。

谁知，半个小时后，小男孩又来到药店，再次将彭伯顿吵醒。

“老板，我还要一瓶古柯科拉！”小男孩将零钱直接摊到了柜台上。

彭伯顿有点惊讶，随口问道：“你爸的头痛药这么快就喝完了？”

“是的！”小男孩有点不好意思，他搓着手说，“我爸说味道好极了，我也尝了一点，所以就想再买一瓶。”

彭伯顿非常惊讶，他按照半个小时前的调配方法又配了一瓶头痛药水，然后亲自尝了一口，发觉很好喝，就将这种药水的调配方法记了下来，准备再改良一番就向外兜售。

这一年恰逢亚特兰大政府发出了禁酒令，彭伯顿只得重新寻找能够代替酒精的物质来配置药水，后来他终于成功了，并将自己的发明取名为“可口可乐”。

可口可乐的配方后来被彭伯顿的好友艾萨以两千三百美元的价格买了下来，并于一八八六年开始销售。

尽管可口可乐问世的第一年销量不佳，但艾萨不断开设分公司，积极推广这种新型饮料，终于打开了销路。

至今，光是可口可乐的品牌价值，就已达到两百多亿美元。

一张一八九〇年的广告海报，一位穿着精美衣服的女子在饮用可乐。广告语为“花五美分喝可口可乐”，作品中的模特为希尔达·克拉克。

由于彭伯顿是退伍军人并在战争中受了伤，所以他对镇痛的吗啡上了瘾，后来他为了戒瘾，就用古柯叶和古柯酒来提神。

古柯叶中含有可卡因，能兴奋神经，具有麻醉作用，却也是世界著名的毒品之一，至于酒精，就更不用说，也会致人上瘾。

所以最初的可口可乐里的成分并不算有益，可是后来彭伯顿却找到了一种能够代替可卡因和酒精的配方，使可口可乐既能使人兴奋，又不致上瘾。

至于苏打水，因含有二氧化碳而使人心情愉悦，糖浆能触发味蕾对甜味的认知，所以这些因素综合起来，使可口可乐成了最受欢迎的饮料之一。

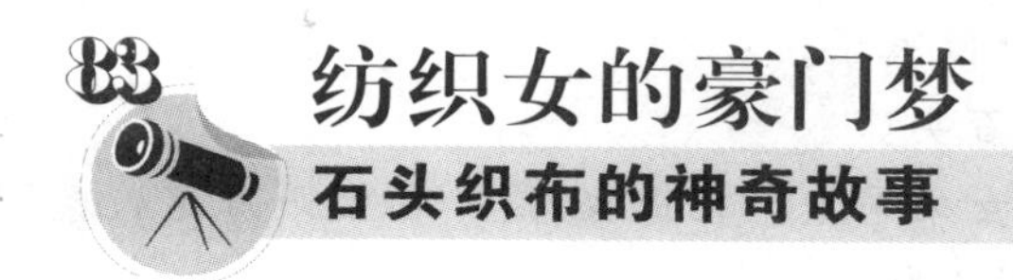

83 纺织女的豪门梦

石头织布的神奇故事

在很久以前，有一个勤劳善良的纺织姑娘，当她还是个孩子时，就学会了跟母亲织布，她织出的布柔韧顺滑、花纹艳丽，因此在家乡颇有名气。

当纺织女长到十六岁时，她的家人开始着急了，整天在她耳边说："你看，隔壁家的安娜比你小一岁都结婚了，河对岸的玛丽都当孩子的妈了，你也要赶紧找个男人！"

纺织女有点无奈，她除了织布，根本就没时间认识男人！况且她所在的那个贫穷的小山村，也没有她看得上的男人。

可是父母之命难违，再加上有一天，她听到家人要让她跟邻居家的威廉相亲，心中一百个不高兴，就日夜赶工，织出了一匹华美的绸缎，然后剪裁出一件精美绝伦的礼服，逃到皇城里去了。

原来，纺织女听说王子要举行舞会甄选未婚妻，就想去碰一碰运气。

她的运气果然不错，首先，王子不是一个脑满肠肥的丑男，而是一个帅哥；其次，王子真的看上她了，并且整个舞会期间，跟她跳的舞次数最多。

舞会结束后，王子带着纺织女去见国王和王后，提出要娶纺织女为妻。

国王没什么意见，可是王后却细细盘问了纺织女很久，当她听说纺织女只是一个村姑时，脸上顿时布满阴云，要求王子放弃这门婚事。

名画《纺织女》，题材来自技艺女神巴拉斯与擅长纺织的少女阿莱辛比赛织布的故事。

王子坚决不肯，他被纺织女的倾城容颜迷得神魂颠倒，坚持要和纺织女结婚。

王后眼珠一转，想了一个计策，就对纺织女假笑道："你不是会织布吗？我倒是有一个织布的房间，只要你能在那个房间里织出一匹布来，我就同意你们的婚事！"

织布女心想，这么简单的要求，我肯定能完成，这王妃我是当定啦！

谁知，当她被带到那个房间后，她顿时傻眼了。

因为这房间里根本就没有棉花，只有石头！

完了，石头怎么能织出布来呀！纺织女呆呆地坐在地上，忍不住泪眼滂沱。就这样一直坐到晚上，纺织女觉得累了，就想小憩一会儿。

突然，地面上冒出一个模样极为丑陋的小侏儒，吓得纺织女发出一声尖叫。

“你不要怕，我不会害你，我是来帮你的！”侏儒示意纺织女噤声。

纺织女本来就是个大胆的人，她见侏儒没有恶意，就与对方攀谈了起来，这才得知，侏儒愿意帮自己织布，但有个条件，就是要王后的三滴血。纺织女同意了。

于是，侏儒在房间中央架设起锅炉，将石头与一些药水放进炉中，烧制成液体，然后再念动咒语，真的拉出了像蚕丝那样雪白的丝线。

纺织女看得目瞪口呆，她在侏儒的帮助下完成了王后交予的任务，王后暴跳如雷，又想抵赖。纺织女气愤至极，她拿着纺锤，假意要给王后献布，在靠近王后的一刹那，她将尖锐的纺锤戳到了王后的手上。

顿时，王后惨叫一声，鲜血如珍珠般滴落下来，正好滴了三滴。

这时，侏儒出现了，她的周身披上了一层血红的烟雾，等雾气散尽后，她成了王后的样子，而受伤的“王后”终于暴露出本来面目，原来，她是一个巫婆。

最终，纺织女和王子快乐地生活在了一起。

用石头织布真的只是一个魔法吗？

其实，用化学方法就可以让魔法成真。

石头织布的原理实际上是制作玻璃的化学反应。大概在四千五百年前，古埃及和美索不达米亚人就掌握了石头制作玻璃的技术。

石头织布的过程如下：

1. 将砂岩和石灰等物质碾碎，放入窑炉。

2. 在炉中加入化学原料，在高温情况下将碎石熔化；将溶液拉成极细的玻璃纤维，这样就能纺纱了。

用玻璃纤维织成的布叫玻璃布，具有耐高温、耐潮湿、耐腐蚀等特点，在化工、航空、建筑等行业正发挥着越来越大的作用。

84 “玩火”的疯狂科学家

尝出来的糖精

做过化学实验的人都知道，很多化合物是有毒的，不能随便食用，可是生于十九世纪的俄国化学家康斯坦丁·法赫伯格却拿自己的性命当儿戏，玩起了乱吃东西的“游戏”。

当时是一八七七年，巴尔的摩的一家公司慕名前来，雇佣法赫伯格分析糖类的纯度。

不过，该公司和法赫伯格都没有实验室，法赫伯格只好请求约翰·霍普金斯大学的化学家伊拉·雷森借一个实验室给自己。

雷森非常大方，不仅让法赫伯格把糖纯度的分析做完，还允许后者进行其他的实验。

一来二去，法赫伯格就跟雷森成了朋友，两个人一块儿做起了实验。

一八七九年，法赫伯格研究起了煤焦油的衍生物。

有一天，他工作到很晚才回家，因为太饿了，等不及妻子拿来刀叉，他就立即用手抓着饭菜往嘴里送。

吃着吃着，法赫伯格觉得不对劲了。

他每吃一样菜，都会觉得味道特别甜，后来他干脆只吃主食，没想到主食照样甜得厉害。

“亲爱的，你今天放了不少糖啊！”法赫伯格笑着揶揄妻子。

妻子却惊讶地摇摇头，说：“没有啊，我今天只放了一点点糖。”

法赫伯格皱起了眉头，他转而思考饭菜为什么会甜的问题，连吃饭都忘了。

回家之前，他好像没去什么地方，除了实验室。

对了，实验室！

法赫伯格茅塞顿开，他想起自己在离开实验室的时候没有洗手，只是胡乱地用手绢擦了擦就完事。

“我明白了！”法赫伯格欢呼雀跃，他全然忘了自己已经回家的事情，一把从衣架上抓起外套就往外赶。

妻子惊呼：“亲爱的，你要去哪里？”

“实验室！”法赫伯格头也不回地抛下这句话，就如旋风一般地走了。

当他再次来到实验室后，做了一个疯狂的决定——他要把下班前所有容器里的东西品尝一遍，直到找到那种很甜的物质为止。

法赫伯格的举动在如今看来，无异于“玩火自焚”，可是法赫伯格却管不了那么多，他逐一地舔着试管、烧杯中的液体和固体，不停地说：“不是这个，也不是这个。”

很快，他的嘴唇和舌头变得五颜六色，模样非常滑稽，像个舞台上的小丑，最终，在尝过了六、七种化合物后，他在一个发烫的烧杯中找到了他想要的东西，那就是糖精。

后来，法赫伯格申请了糖精的专利，还雇佣工人在纽约生产糖精，发了大财。

不得不说，法赫伯格非常幸运，他做完实验后不洗手就吃饭，已经让自己命悬一线，随后又乱吃化学物品，让自己陷入更危险的境地。

但也许是“傻人有傻福”，法赫伯格的“玩火”举动为他带来了大笔财富，还让他得到了一个“糖精之父”的美誉，不得不让人叹服。

糖精是一种白色的结晶粉末，熔点很高，在两百二十九度左右，它的性质如下：

1. 微溶于水、乙醚和氯仿，能溶于乙醇、乙酸乙酯、苯和丙酮。

2. 与钠反应后生成的糖精钠易溶于水。

少量的糖精无毒，但科学家发现，人体在摄入过多糖精后，会影响食欲，并可能出现恶性中毒事件，甚至有致癌的风险。

此外，制造糖精的原料均为石油化工产品，如甲苯、氯磺酸等，这些化工原料都易挥发，且有爆炸的危险，所以工人们在制造糖精的过程中得非常小心。

有一些小作坊在制造糖精时，由于技术不完善，导致大量重金属、氨化合物等流入环境中，危害着人体健康，值得人们多加注意。

小知识

甜品家族

蔗糖：甘蔗、甜菜等植物的提炼物，通常让人们觉得很甜。

甜叶菊：原产于南美洲的植物，比蔗糖甜两百至三百倍。

糖精：比蔗糖甜五百倍。

西非竹芋：原产于非洲热带森林，比蔗糖甜三千倍。

薯蓣叶防己藤本植物：原产于非洲，果实比蔗糖甜九万倍。

85 故宫里的白面女鬼

顽皮的四氧化三铁

故宫是世界文化遗产之一，也是历经两个朝代的皇家宫殿。当然，最令中国人自豪的是，它堪称全球最大的木质结构的宫殿群落。

随着清王朝的倒台，故宫开始衰败，有很多庭院倒塌，另有一些建筑因无人居住而荒草丛生，增添了故宫的肃杀气氛。

这时候，一些传闻在民间散播开来。

有人说，故宫里有很多冤死的鬼魂，因此阴气极重，晚间不可在里面走动。

还有一些人说，当年珍妃被慈禧太后投到井里后，冤魂一直不能投胎，每天晚上，溺死她的那口井里还时常会发出女人的哭声。

诸如此类的传说让人不寒而栗，人们晚上不敢靠近故宫。

到了二十世纪八十年代末，故宫被联合国教科文组织评为“世界文化遗产”，而后变成博物馆，向市民开放。

民众能一睹昔日皇宫的真容，不由得雀跃不已，纷纷买票入宫观看，一时间，故宫里人满为患。

这时候，大家似乎都忘了故宫闹鬼的传说，因为谁都不曾看到过灵异事件，所以也没人会往这方面想。

珍妃井

一九九二年一个夏天的下午，天气异常闷热，空中积聚了厚厚的一层乌云，一场雷阵雨似乎一触即发。

此时快到了故宫的闭馆时间，游客们开始三三两两地往大门口走去，大家都期盼着这场雨能等自己回到家之后再下。

老天爷却仿佛很心急，一道闪电划过，惊得游客们躲进了走廊，接着，轰隆隆的雷声呜咽着，自天边滚落下来。

“上午还天气晴朗，没想到下午居然会下大雨！”游客们都沮丧地说，他们几乎都没有带伞。

灰色的天幕瞬间又亮成了刺目的白色，又是几道闪电劈了下来。

忽然，有人惊叫道："快看！那是什么？"

大家连忙转头看去，竟然在一面朱红色的宫墙上看到了三四个宫女的影子！

那些宫女戴着头冠，拿着手绢，穿着白色的衣服，僵硬地走着。更可怕的是，她们的脸色煞白如纸，仿佛死尸一般，一些游客顿时被吓得叫出声来。

不过，更多的游客则是拿起手中的照相机，哆嗦着双手开始拍照。

那些宫女好像完全没注意到游人的举动，她们依旧甩着白色手绢，不紧不慢地走着，直到消失在人们的视线中。

原本沉闷的气氛轰然消散，游客们爆发出激烈的讨论声，大家相信自己撞见鬼了，并且相信故宫里真的有鬼魂存在。

后来，科学家们给出了合理的解释。

原来，宫墙的涂料中含有四氧化三铁，能记录影像，而闪电则有电能，能将路过宫墙的宫女的模样录进宫墙里，以后若再有闪电出现，变成了"摄影机"的宫墙就可能会把当年的情景播放出去，于是就出现了故事中游客们所见到的那一幕。

别看四氧化三铁这个名字很难懂，其实它有个通俗的称呼，那就是磁铁。

四氧化三铁是黑色的晶体，且具有磁性，能溶于酸，却不溶于水、碱、乙醇和乙醚等有机溶剂。它的用途很多，通常可作为底漆、面漆和颜料，也是制造录音磁带和电讯器材的重要原料。

不过四氧化三铁若处于潮湿状态下，容易被氧化成三氧化二铁，也就是红色的氧化铁。

氧化铁是炼铁的重要材料，却不具备录像功能，所以有些人对四氧化三铁的解释提出了异议，使得故宫女鬼成为一个悬而未决的疑团。

小知识

铁锈的组成

当单质铁暴露于空气中，遇上水气后，会逐渐被氧化成氧化物，也就是铁锈。铁锈的组成如下：

1. 氧化亚铁：这是与金属铁贴合的氧化物。

2. 四氧化三铁：这是贴合在氧化亚铁上的物质。

3. 氧化铁：这是在四氧化三铁之上，铁锈最外层的物质，也是铁锈的主要生成物。

86 扑灭大火的葡萄酒

救命的二氧化碳

深夜，消防队的电话铃声骤然响起。

“是消防员吗？我们这里着火了！”电话里，一个颤抖的声音惊恐地说。

尽职尽责的消防队员在接到电话后迅速穿好衣服，开着救火车往事发地点赶去。

这是一个隐匿在葡萄庄园里的酒厂，历史悠久，小镇上贩卖的葡萄酒有相当大一部分出自这个酒厂。

“不能让酒厂烧毁了，要不然今后我们在餐桌上喝什么！”尽管很疲倦，消防队员们还是开起了玩笑，以排解自己的紧张情绪。

当救火车来到酒厂大门口时，大家都吃了一惊，只见冲天的火光在酒厂的屋顶飞舞，将天空映得一片绯红，酒厂似乎是一个压抑不住的火药桶，马上要爆炸了一般。事不宜迟，消防队员举起喷水枪，架上云梯，义无反顾地向火焰冲去。

“请你们一定要帮忙把火扑灭了，这是摩尔庄园的百年基业啊！”酒厂老板红着眼眶，手足无措地说。消防队长不得不安慰他：“放心吧！我们会把火扑灭的！”

谁知，就在火势即将被控制住的时候，出现了意外状况。

救火车里的水已经所剩无几，如果没有水，就不能灭火了，消防队员今晚的行动将功亏一篑。

消防队长一筹莫展，他只得跑到酒厂老板面前询问：“酒庄里有没有灭火器？”

“灭火器？”老板目瞪口呆，好半天才回过神来，反问道，“你们不是有吗？”

队长不吭声，与其他消防员一起商量对策。

这时老板才明白过来，他惊慌失措地对消防员说：“你们再给我多派几辆救火车！求求你们了！”

队员们都不言语，因为他们知道，没了水，火势很容易再度蔓延开来，到时候就更难抢救了！

“求求你们了！”老板已经眼泪鼻涕一把了，他嘶哑着嗓音喊道，“我庄园里有自来水！”

消防队长摇头道：“我们考虑过了，但那点水不够啊！”

这一次，大家几乎都要绝望了，只能眼睁睁地看着大火越烧越旺。

忽然，队长的眼睛一亮，他命令道：“快，快把庄园里正在发酵的葡萄酒拿过来!”

大家不解其意,但还是照做不误。

当一桶一桶的酒被运过来之后,队长又命令大家把酒泼向大火。

所有人都感到不可思议:酒是易燃物,怎么还要往火上浇呢?队长被火烧糊涂了吧!

可是大家也不敢提出异议,反正火势已经阻挡不住了,就当帮酒厂一把,让它早点烧完吧,到时火自然就熄灭了。

于是,大家都端起酒桶往火中倒酒。

没想到,奇迹发生了!

浇了酒的火苗居然越来越小,最后竟只剩袅袅青烟。

大家惊奇地看着队长,敬佩地说:“队长,你什么时候把酒变成水了?”

队长这才笑着为大家答惑解疑:“这些未发酵好的葡萄酒里有大量的二氧化碳,二氧化碳是不助燃的,所以就成了最好的灭火剂!”

说到这里,大家可能会明白我们生活中所见的泡沫灭火器的灭火原理了。

没错,泡沫灭火器就是用二氧化碳扑灭火焰的。在这种灭火器里面,贮藏有两种化学物质——碳酸氢钠和硫酸,不过这两样东西平时是用玻璃瓶隔开的,所以当灭火器竖着放的时候不发生反应。

当火灾来临时,将灭火器倒置,碳酸氢钠和硫酸混合在一起,生成了硫酸铝和二氧化碳,此时再加上一点发泡剂,带有大量泡沫的二氧化碳就喷薄而出了。

小知识

原理不同的几种灭火器

除了泡沫灭火器外,还有其他的几种灭火器,因灭火原理不同,可分为如下几类:

1. 干冰灭火器:干冰就是液化的二氧化碳,别看一瓶干冰灭火器体积不大,喷出的二氧化碳变成气体后,可以充满好几个房间。它的优点是灭火后不留痕迹,适合扑灭昂贵仪器和档案的火焰,但应注意的是,不能直接往人身上喷,否则在低温条件下,人的身体会很快被冰冻且裂成碎片。

2. 灭火弹:灭火弹里装的液体四氯化碳在受热时也会变成气体,阻止氧气燃烧,由于它不导电,所以在扑灭电器上的火焰时效果尤为显著。

87 谁偷了商人的化肥

爱玩失踪的碳酸氢铵

做过生意的人都知道，经商是一件具有高风险的事情，虽有高额回报，但其中付出的代价也非常人能比。

而更不幸的是遭遇横祸，莫名其妙就赔了本，这是让人最无可奈何的。

有一个商人，他就遇到了这种事情，而他得到的教训竟然是：以后要多学一点化学知识。

这是怎么一回事呢？

原来，在农忙前的几个月，他批发了一批化肥，储存在厂房里。

他在心里盘算着，等再过三个月，农民们就该大量用化肥了，到时他将自己的存货销售出去，大概能赚不少钱。

为了防止偷窃，商人还特地给厂房加了两把大锁，并养了一只用于看守的大狼狗，确保万无一失后才离开。

接下来，他就一直没有打开过厂房的大门，不过每天他都会检查大门的锁，发现并无异样。

随着热火朝天的农忙季启动，商人终于打开大门，将一袋又一袋的化肥运到市场上贩卖，如他预料的一般，生意不错。

当这些化肥都卖完后，精明的商人才察觉出不对劲了。

在进货的时候，他预算的收益要比如今的收入多，怎么现在赚的钱数目不对呢？

他重新计算了一下化肥的重量，发现竟然有几百斤的化肥不翼而飞！

商人惊呆了，同时又觉得奇怪，因为化肥的袋数没有变，难不成有人从装化肥的袋子里把化肥偷走了？可是袋子并没有破啊！

百思不得其解的商人只好去报了案，警察一听说有人偷化肥，连忙跟着商人来到了厂房。

在储存化肥的仓库里，警察仔细搜索着证据，可惜由于现场被太多人踩踏过，给取证造成了一定的难度。

不过，警察又注意到，空气中飘散着浓烈的臭味，像是化肥挥发后的味道。

对此，商人不以为然："化肥放久了，空气里肯定有化肥味啊！"

然而，最终的调查结果却让商人大吃一惊。

原来，正是商人自己导致了化肥被“偷”。

由于化肥的主要成分是碳酸氢铵，当温度超过三十度时，碳酸氢铵就会蒸发成气体逃逸到空气中。

因为商人没有在仓库中装空调等制冷设备，所以导致化肥挥发，减了好几百斤的重量。

碳酸氢铵也叫碳铵，是通用的化肥品种之一，其水溶液呈碱性。在温度为二十度以下时，碳酸氢铵的化学性质基本稳定，但温度升高后，碳铵就会吸收湿气，然后分解成二氧化碳、水和氨气，所以化肥就会神秘失踪了。

碳酸氢铵的属性如下：

颜色：无色或浅灰色。

外形：粒状、板状或柱状晶体。

化学性质：与酸混合会变质，生成二氧化碳，这种反应可以促进植物的光合作用；与碱反应会生成碳酸盐和氨水。

小知识

防止化肥挥发的有效方法

1. 将化肥储存在低温干燥的地方。

2. 将化肥与含酸较少的磷酸钙混合，磷酸钙会转变成一部分磷酸铵，可有效减少化肥的挥发。不过磷酸钙放置时间过久也会吸湿，将加快化肥的挥发速度，所以混合后应尽早使用。

88 伦敦的致命烟雾

从煤中跑出的二氧化硫

在人类历史上，有两例重大的有害烟雾事件震惊全球，一是洛杉矶的光化学烟雾事件，另一个则是发生在二十世纪五十年代的伦敦烟雾事件。

那是一九五二年的十二月初，泰晤士河畔的伦敦城被一层灰色的烟雾包裹在其中，这座城市没有一丝风的流动，像一个灰头土脸的老人，在不断地咳嗽。

“咳咳咳……”大街上满是咳嗽的行人。

大家用围巾将自己的口鼻掩得严严实实，仍感觉吸入的气体让自己的咽喉火辣辣地痛。

“嗨，艾伦，没想到在这里碰到你！”一个中年男子在路边惊喜地跟他的前同事打招呼。

“约翰，好久不见！”被称为艾伦的男子也笑着回应。

他们简单地寒暄了几句后，约翰开始流眼泪了，而艾伦的嗓子则像堵了一块棉花，总是咽不下去。

“这烟雾有些不大对劲！”约翰咳嗽了几声，重新用围巾遮住了嘴巴。

“是啊，看来我更得少抽点烟了！”艾伦无可奈何地摇头。

由于实在受不了污浊的空气，这两位久未重逢的好友只能各自告别，继续匆匆地赶路。

当时，伦敦城里正在举行一场农业展览会，动物们各个狂躁不安，疯狂地嘶叫、跺脚，可惜一开始，人们并没有在意。

随后，一只绵羊发起了高烧，瘫软在地；紧接着，五十二只牛也倒在了地上，经兽医检查，它们的心肺遭遇了严重的创伤。

不到半天的时间，一只老牛因体力不支，当场死亡，十二只牛因病入膏肓而不得不被送进屠宰场，另有一百六十只牛陷入危机中，无法站立。

“这烟雾有毒？”人们面面相觑，互相提出疑问，而在彼此惊恐的眼神中，他们得到了答案。

又过了一两天，情况更加严重了，即使在白天，伦敦街道的能见度也极差，汽车甚至要开着灯在路上行驶，而行人们更惨，他们不仅要捂住口鼻，还因看不清红绿灯而只能在人行道上摸索前进。

所有在外面走过的人，只要暴露在空气中不到十分钟，就会感到眼睛和喉咙的刺痛，有些人的情况更为严重，他们因呼吸道疾病而住进了医院。

在短短四天里，伦敦的病房人满为患，而死亡人数竟达到了四千多人。

此时，城里的八百五十二万居民才意识到要对这种刺激性烟雾进行高度警惕，可惜损失已经无法挽回。在接下来两个月的时间里，又有八千人死于非命，酿成了骇人听闻的重大化学事故。

伦敦的有毒烟雾是怎么产生的呢?

这都要归咎于两大杀手:二氧化硫和逆温层现象。

二氧化硫来自于伦敦发达的取暖业和化工业，在冬季，整个伦敦大量燃烧煤炭，致使大量的二氧化硫被排放到大气中，然后，二氧化硫被氧化为硫酸盐气溶胶，被人体吸入后会诱发各种病症，如支气管炎、肺炎、心脏病等。

在地形上，伦敦处于泰晤士河的河谷，由于地势低、无风，导致硫酸盐气溶胶厚厚地积压在城市上空，将整座城市变成了一座“毒气室”，最终酿成了恶果。

幸好在二十世纪七十年代以后，伦敦市区用煤气和电力代替了烧煤产业，才使得空气质量大幅度提升，此后骇人听闻的伦敦烟雾再也未出现在世人面前。

小知识

烧煤和煤气的区别

可能有人不解:煤气不也是利用煤炭而形成的产物吗?

为什么用煤气就不会发生类似伦敦烟雾的事件呢?

这是因为，日常生活中人们使用的煤气是将煤炭干馏后得到的焦炉煤气，成分主要为甲烷和氢气;而直接燃烧煤炭，生成物主要为二氧化硫、二氧化碳、一氧化碳、二氧化氮和碳氢化合物。由于成分不一样，所以烧煤就会产生伦敦烟雾事件。

被冤枉的重刑犯

脚气病与维生素 B_1

在《圣经》中有这样一个故事：一大群人推着一个被绑了双手的妇人来到耶稣面前，说妇人犯了通奸罪，按传统应当用石块将她砸死。

耶稣说了这么一句话："在你们当中，谁没有犯过错误的才可以用石头砸她。"

结果那群人都羞愧离去，宽宏大量的耶稣原谅了妇人的罪行。

这个故事换个角度讲，我们可以理解为就算是犯人，也应获得他应有的权利，比如说话权。

在十九世纪九十年代的荷兰，有这么一群囚犯，他们懂得争取自己的权利，而关押他们的监狱长也是个通情达理的人，他尊重了犯人们的请求，最终皆大欢喜。

当时，荷兰一处监狱里有一百九十名囚犯，监狱长是个一丝不苟的人，为了展现惩恶扬善的风格，他严格执行了一种名为"三级待遇"的制度。

救世主耶稣

该制度规定：罪行最轻的囚犯，每餐可以吃到一菜一汤一碗米饭，罪行稍重的囚犯则变成了一碗饭加一份菜，至于那些重刑犯，则只能用一碗米饭果腹了。

这个制度实行了半年，没有引起抗议，也许囚犯们知道抗议也没有用，就被迫接受了对自己的惩戒。

日子就这样一天天地过去了，一切似乎都很平静，直到有一天，一名囚犯向看守讨要治脚气的药，说自己的脚趾缝里长满了米粒一般大小的泡，瘙痒难耐。

看守觉得囚犯不过是在无病呻吟，就没有答应他的请求。

孰料第二天，又有一名囚犯来讨药，理由同样是脚气病。

正当看守不予理睬，觉得囚犯们在无理取闹时，监狱里的脚气病仿佛集体爆发，不断有囚犯哭诉，说自己的脚奇痒无比，即便将脚趾挠出斑斑血迹也不能止痒。

看守见情况不对，赶紧报告了监狱长。

监狱长虽然严厉，却持有谨慎的态度，他视察了一番，在相信囚犯们没有说谎后，开始怀疑监狱里有传染病。

于是，他请了一名医生来为犯人诊断。

结果医生在检查了十几位病人之后，跑过来跟监狱长说："你们怎么能让囚犯只吃大米呢？"

监狱长见有人批评自己，不太高兴，问道："有什么问题吗？"

"当然有问题！"医生皱着眉头说，"蔬菜里含有维生素 B_1，能预防脚气病！"

监狱长这才知道自己之前的做法欠妥，他诚恳地向医生道歉，然后修改了自己订下的规矩，让每个犯人都能吃到蔬菜。

从此以后，监狱里的脚气病销声匿迹了。

维生素 B_1 是一八九六年由荷兰科学家伊克曼发现的，一九一〇年被波兰化学家丰克从米糠中提取。由于米糠中含有丰富的维生素 B_1，所以可以用米糠来治疗脚气病。另外，酵母、全麦、燕麦、花生、猪肉、大多数种类的蔬菜、麦麸、牛奶也含有大量的维生素 B_1。

维生素 B_1 中含有一种叫硫胺素的物质，这种物质能促使人体的糖分代谢，还能抑制胆碱酯酶的活性，如果缺乏维生素 B_1，人类的胃肠蠕动就会减缓，容易引发食欲不振、消化不良的症状。

小知识

各类维生素的作用

维生素A：来自于绿色及黄色蔬菜、水果、鱼肝油，治疗夜盲症，滋润皮肤、促进胎儿生长，预防呼吸道疾病和女性妇科病。

维生素 B_2：来自于牛奶、鸡蛋、肝脏、酵母、植物根茎、水果，预防皮炎、促进伤口愈合。

维生素 B_6：来自于谷类、豆类、猪肉、动物内脏、坚果，预防动脉硬化和牙龈出血、帮助胎儿成长。

维生素C：来自于水果、绿色蔬菜，预防关节增大、心肌衰退；

维生素D：来自于鱼肝油、动物肝脏、牛奶、蛋黄、阳光，预防骨质疏松和补钙。

90 英国女王竟遭骗局

虚假的红宝石

若问当今世界上，什么宝石最珍贵，相信很多人会异口同声地说："当然是钻石！"

的确，钻石已是风靡世界的名贵宝石，因为它在婚恋誓言方面发挥着其他宝石所没有的象征意义。

但世间宝石不只钻石一种，还有四种宝石同样举世闻名，它们分别是：红宝石、蓝宝石、祖母绿、金绿猫眼。

这四种宝石也同样有象征意义：

红宝石：爱情之石，可助人占据上风。

蓝宝石：智慧之石，提升创造力。

祖母绿：财富之石，也是贞洁的象征。

金绿猫眼：事业之石，金黄色有助于汇集财气。

其中，红宝石是仅次于钻石的珍贵宝石，历来为王公贵族和商界富贾所喜欢，很多人都为拥有一颗硕大的纯净度高的红宝石而自豪，因而就有了泰米尔红宝石的故事。

英国女王伊丽莎白二世酷爱红宝石，一九五三年的一个夏日，英国著名的威斯敏斯特大教堂为她举行了加冕仪式。

当时各界名流都来到了仪式现场，一睹新女王的风采，众人很快被女王脖子上的一条红宝石项链所吸引，情不自禁地发出啧啧的称赞声。

原来，伊丽莎白女王的这条炼链上镶嵌着三颗硕大的红宝石，中间的一颗尤为显眼，堪比一个女人的四分之一手掌大小，后经过宝石专家鉴定，这粒宝石重三百五十二点五克拉。

"真不得了啊！这条项链太珍贵啦！举世无双啊！"有人忍不住在私底下小声嘀咕。

"这条项链上的宝石来自阿富汗皇宫，还有个名号，叫泰米尔红宝石！"懂行的人得意地介绍道。

这下，人们更加好奇了，追问懂得泰米尔红宝石历史的人讲述宝石的来龙去脉。

于是，讲述者娓娓道来——

泰米尔红宝石原是伊朗最古老的城市伊斯法罕城里的宝物，十八世纪，一位名叫阿夫汗·阿马锡阿贝德尔的贵族篡夺王位不成，就起了歹心，抢劫了一大批珍宝逃到坎大哈，成为阿富汗的君王。在他手里的那批宝物中，就有泰米尔宝石和著名的“光明之山”钻石。

伊丽莎白二世加冕礼

后来，继位的阿富汗国王迁都印度，王室却屡次发生灾祸，国王胆战心惊，认为是这些珍贵的宝石给自己带来了凶灾，就卖了一个人情，将泰米尔红宝石和“光明之山”钻石赠给了英国王室，结果便有了加冕时的那一幕。

没想到，后来科学家发现，令英国女王爱不释手的泰米尔红宝石居然是假的，其成分是仿真度极高的尖晶石！

不仅如此，同样喜爱红宝石的俄国女皇叶卡捷玲娜二世也被骗了，她王冠上一颗重达三百九十八点七二克拉的“红宝石”也是尖晶石。想当年，女皇对这颗宝石是呵护备至，还将其镶嵌在皇冠的最顶部，没想到却闹出了如此大的笑话！

红色尖晶石虽然不如红宝石珍贵，但其经过抛光后与红宝石很难区分，因此很容易与红宝石混淆。不过，用物理和化学方法就能辨认出二者来：

◎成分：尖晶石成分是镁铝氧化物，属尖晶石组矿物；红宝石成分为铝氧化物，属于刚玉族矿物。

◎晶体结构：尖晶石呈八面体形态，所以每个角度的闪光度都一样；红宝石呈现桶装、柱状、板状、片状分布，闪光度在各个角度都不一样。

◎折射率：硬度越大，折射率也越大，红宝石硬度为九，尖晶石为八，所以红宝石比尖晶石的折射率高。

91 引发三国关注的一瓶“啤酒”

玻尔保护的重水

区区一瓶啤酒，为何会被三个国家争抢？甚至这些国家还不惜动用了武装突击队？

每当有这种问题出现的时候，千万不要以为发生了什么奇迹，因为鸟窝里飞不出金凤凰，啤酒瓶里装的自然也不是啤酒。

那到底装的是什么呢？

是一种名叫“重水”的液体。

在第二次世界大战时期，德国战车开进挪威的里尤坎镇，将那里的一家电化学工厂占为己有。

纳粹开始大量生产重水，并计划等到重水生产出来后运往柏林，以便研制破坏力极强的原子弹。

英国人在得知这一情报后心急如焚，他们马上组建了一支代号叫“燕子”的突击队，对电化学工厂实施轰炸。

尽管突击队伤亡惨重，但仍旧艰难地完成了任务。

德国人气得吹胡子瞪眼，因为他们再也找不出其他的重水了，这意味着他们制造原子弹的愿望落空了。

这边德国人心急火燎，那边却有一个科学家正在秘密携带一瓶重水前往英国。

这个人就是物理学家玻尔，他将重水藏在一个绿色的啤酒瓶里，从外观上来看，这完全就是一瓶普通的啤酒，只要不打开，就不会引发怀疑。

可是纳粹那么狡猾，怎会轻易放过对玻尔的搜索呢？况且，玻尔的出发地是被德国占领的丹麦。

好在玻尔艺高人胆大，坐着私人飞机飞到了英国。

到达英国本土后，他兴冲冲地拿出一直藏在自己行李箱中的“啤酒”，让英国政府去研发原子弹。

谁知，科学家们发现玻尔带来的是一瓶真正的丹麦啤酒，根本就不是重水！

玻尔猛拍脑门，大呼自己糊涂，原来他离开丹麦的住所时，冰箱里放了一瓶重水和一瓶啤酒，因走得匆忙，没来得及细看，拿了一瓶就走，没想到运气糟糕，把真正的重水落在了丹麦。

为了不让重水落入德国人手中，英国政府快马加鞭地找到丹麦地下党，又组织起一支突击队，潜伏到玻尔的房子附近，伺机夺取重水。

德国纳粹在玻尔的房子里驻扎了很多士兵，所以突击队想拿到重水并不容易，不过纳粹在未搜到什么有价值的东西后就放松了戒备，这才给丹麦人创造了机会。

结果，一直到第二次世界大战结束，德国人都没能制造出原子弹，而作为盟国之一的美国却发明了两颗原子弹，并投入到战场之中，使日本的广岛和长崎蒙受巨大灾祸。

重水到底是个什么物质？它为何具有如此神奇的作用呢？且看它的属性：

外形：无色透明无味液体。

冰点：3.8 ℃。

沸点：101.4 ℃。

密度：1.1 g/cm³。

简单来说，重水就是比普通水“重”一点的水，自然界中的水为两个氢原子和一个氧原子构成，但重水中的氢元素是氢的同位素——氘，也叫重氢，所以比一般存在的水要特殊。

在地球上，重水占整体水资源的不到万分之二，所以极其难得。它的作用是用作核反应堆的慢化剂和冷却剂，而重水经分解后产生的氘则是极重要的热核燃料。

小知识

重水与超重水有多珍贵？

氢元素有三种同位素，分别为氕、氘、氚，三者与氧元素结合形成的水就是淡水、重水和超重水。

重水和超重水在自然界中的存量极其稀少，需要人工制造出。

每生产一公斤重水，需消耗六万度电和一百吨水；每生产一公斤超重水，需消耗近十吨的原子能，一个工厂一年只能制造几十公斤超重水，所以超重水是最贵的，比黄金要贵上几十万倍。

第四章

曾经沧海的名家轶事

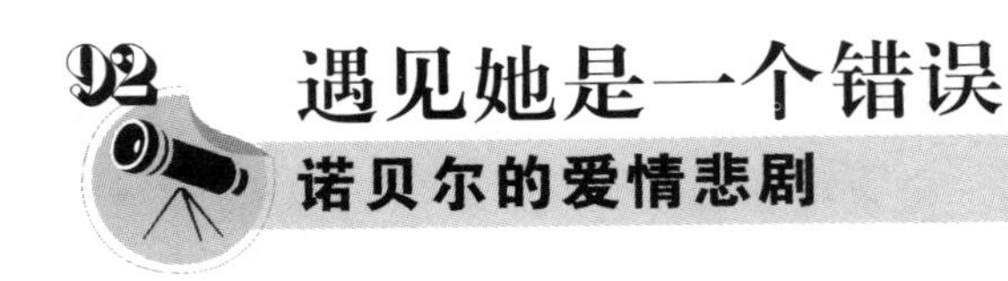

92 遇见她是一个错误

诺贝尔的爱情悲剧

诺贝尔的“浪子”传闻：

一天的钱：诺贝尔曾答应送一个美丽的法国姑娘结婚礼物，结果姑娘要诺贝尔一天所赚到的钱，诺贝尔答应了。后来他一算，才发现自己一天的盈利为四万法郎，而在当时，这笔钱的利息足够让姑娘享受终生。

巴黎热恋：诺贝尔在青年时代去欧美各国旅行，结果在浪漫之都巴黎与一位法国姑娘热恋，然而对方不久病逝，让这段短暂的恋情画上了句号。

红颜知己：一八七六年，诺贝尔聘用奥地利元帅弗兰兹·金斯基伯爵之女伯莎做他的女秘书，诺贝尔对伯莎一见钟情，可惜对方名花有主，结果两人当了一辈子知己。

诺贝尔是天秤座，典型的“拿得起，放不下”，所以在感情问题上，他总是优柔寡断、暧昧多情。

不过所谓浪子，是没有遇到一个能征服他的人。在追求自己的女秘书伯莎未果的情况下，诺贝尔遇到了一个真正能征服他的女人。

可是不幸的是，这个女人根本就不爱诺贝尔，枉费了诺贝尔对她的一腔热情。

浪子爱上无情女，不知是悲哀还是莫大的讽刺。

一八七六年，诺贝尔已经在欧美各地开设了很多炸药公司，他还投资了兄长的石油公司，事业蒸蒸日上。

总之，这个大科学家是事业得意，情场失意。

也许上天为了让诺贝尔高兴一下，就安排了维也纳的一个卖花女索菲与诺贝尔相识。

诺贝尔在奥地利初见索菲时惊为天人，他狂热地追求索菲，还买了多间房子给对方。

当时诺贝尔已经在巴黎定居，所以他很快就把索菲接了过来，希望能与她共度一生。

可惜，索菲与诺贝尔并不在同一个层级上。

诺贝尔是博学多才的化学家、企业家，而索菲没有文化和教养，只是一个贪图享乐的拜金女。

由于两人的世界观不同，诺贝尔虽然深深迷恋着索菲的容颜，却依旧不可避免地与对方发生激烈的争吵。

结果，两人同居了十五年，没有终成眷属，反倒越走越远。

有一天，索菲写信告诉诺贝尔，她怀孕了，孩子的父亲是一位匈牙利军官。

诺贝尔顿时眼前一黑，如五雷轰顶，他下定决心，不再跟这个水性杨花的女人来往，但仍控制不住对她的关心，给她寄去了一笔三十万匈牙利克朗的赡养金。

尽管得了这笔巨款，索菲却依旧不满足。

五年后，诺贝尔病逝，索菲竟找到诺贝尔的好友，同时也是诺贝尔遗嘱的执行人拉格纳·索尔曼，威胁对方如果不给她相应的补偿，她就要卖掉诺贝尔生前写给她的二百一十六封信件。

为避免无事生非，索尔曼只得买下了信件。在信件中，诺贝尔曾怀着满腔深情称呼索菲为“诺贝尔·索菲女士”，然而对方却丝毫感觉不出他那颗炽热的心，这也许是诺贝尔一生中最痛苦的事情吧！

诺贝尔在生前有多富？这个没有具体的统计资料，也使得人们对他充满了好奇，因此，诺贝尔获得了“欧洲最富有的流浪汉”的外号。

他一生获得的专利权有三百五十五项，加上自己开设的公司，按照每天四万法郎计算，一年就有两百五十多万美元的收入，这在当时看来，绝对是一个天文数字。

其实，如果索菲愿意安分地过日子，诺贝尔也不至于沦落到无儿无女，一生漂泊的境地。

小知识

诺贝尔奖的奖金会被发完吗？

诺贝尔在遗嘱中声明，将自己的三千一百万瑞典克朗成立基金会，每年取出基金的利息，也就是二十万瑞典克朗作为诺贝尔奖的奖金。

然而，在二〇〇六年，诺贝尔奖的奖金总额已达到一千万瑞典克朗了，这是否说明，诺贝尔奖的奖金总有一天会发完呢？

这要多亏诺贝尔基金会的先见之明，他们利用遗产来投资证券和不动产，又说服瑞典和美国政府免除基金会的投资税，因为理财有方，诺贝尔奖才得以维持下去，并使奖金保持在令一个教授二十年不工作也能进行科学研究的水平上。

93 诚实的代价

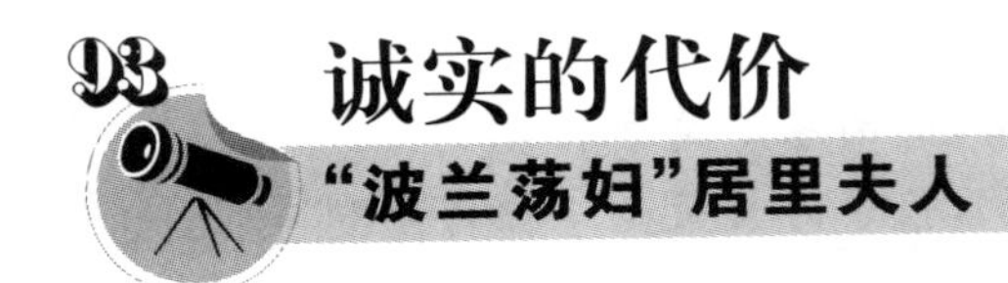

“波兰荡妇”居里夫人

如果居里夫人不当化学家，我们完全可以认为她会变成一个女权主义者。

不信吗？请看以下事例：

当年居里夫人大学毕业时，成绩是全校第一。

一九〇三年的诺贝尔化学奖，居里夫人被当成丈夫的助手，在提名中没有出现，但她坚持竞争奖项，终于成为第一个获得诺贝尔奖的女性。

一九一一年，居里夫人二度夺得诺贝尔奖，她在获奖宣言中郑重声明：自己提炼出镭的四年里，前两年丈夫皮埃尔·居里一直未介入，后两年夫妻二人才开始一起合作。

居里夫人亲口对自己的女儿艾琳说，这个世界充斥着男权主义，女人在男性眼中的作用就是性和生育。

看完这些，是否觉得居里夫人是个非常另类且有思想的人？或许有人会说，那还不是因为居里夫人专注于化学研究，是个极其理性的女强人？

其实不然。

居里夫人虽在学术上严谨，可是她的情感世界却是波澜起伏，在自己的丈夫出车祸去世以后，她不仅没有给自己树立一个贞节牌坊，反而与年轻的助手发生了一段婚外情。

在当时，很多名人都有外遇，而他们的名声与地位并不因此受什么影响。

据说，早在一百多年前，大文豪歌德还与席勒发展出了超友谊的关系，但在人们口中，照样被演绎成一段关于“知己”的佳话。

为什么他们没有受到谴责？因为居里夫人说了，他们都是男性。

然而，当这段婚外情落到居里夫人头上时，她却受到了攻击和辱骂。

小居里夫人五岁的助手保罗·朗之万是一名物理学家，他聪明、学识渊博，可惜情商低了那么一点。

他娶了一个泼辣蛮横的陶瓷工的女儿，妻子除了抱怨他不会赚大钱外，独门绝技就是争吵，让朗之万十分头痛。

当朗之万遇见居里夫人后，他立刻被睿智冷静、散发着成熟魅力的居里夫人迷住了，两个人碰撞出激烈的火花，迅速坠入情网中。

居里夫人和朗之万有着同样聪颖的头脑和丰富的情感，并且一见倾心，若后者没有结婚，他们很可能成为令人羡慕的一对。

可惜，郎之万轻而易举地让妻子拿到了居里夫人写给自己的情书，结果法国人惊恐地发现，居里夫人居然在信中赤裸裸地提出了自己对性的渴望。

一时间，那些浪漫的法国人突然变得面目狰狞起来，他们一致认为：

女人不该有这种思想，这是不道德的！极其破坏礼教的！

于是，他们袭击居里夫人的住所，威胁让她滚出法国，否则就要杀死她，还给她取了一个充满侮辱性的称号——波兰荡妇。

甚至居里夫人的密友也让她离开法国，而在这场风暴之外，保罗·朗之万却安然无恙，他还拥有了一个女秘书作为自己新的情人。多年以后，他甚至请求居里夫人为自己的新欢——一个年轻的女学生安排职位。

这一切，只是因为居里夫人是个女人，她诚实地表达了自己的心声，却因此遭受到不公平的待遇。

好在，居里夫人是个女权主义者。在足足消沉了三年时间后，她重新打起精神，将全部身心投入到工作中。

此后，她又顽强地工作了二十二年，最终因被射线辐射过度而死。

回顾居里夫人的一生，她一直在与世俗搏斗，她非常坚强，从不依赖，只想按照自己的想法生活，哪怕被现实撞得头破血流。

居里夫人是天蝎座，由此让她产生了冷酷的思想和如火的激情，她生于波兰华沙一个清贫的家庭，曾辍学帮助姐姐读大学，年轻时还谈过一场恋爱，却因为自己

居里夫人在一九一一年第二次获得诺贝尔奖的证书

太穷而遭男方反对，因此她更加坚信：只有努力才能改变命运。

一八九四年，刚从巴黎大学毕业的居里夫人成为皮埃尔·居里的助手，两人相恋，并于次年结婚，可惜十一年后皮埃尔去世，居里夫人备受打击。

在与郎之万发生婚外情后，居里夫人的名誉一落千丈，她不得不躲进修道院疗伤，直到一九一一年她再度获得诺贝尔奖，世人对她的诋毁才有所减少。

不过，在颁奖前夕，仍有人怀着恶意写信给居里夫人，要求她放弃领奖，居里夫人不予理睬，她用鲜明的个性向世人证明，女人可以和男人一样强大。

小知识

居里夫人的贡献

1. 制作了X光机，在第一次世界大战中挽救了无数法国士兵的生命，但她和她的女儿却因为承受X光照射过度而死于血液病。

2. 发现镭和钋，并首度提出放射性的概念。

3. 激发全球对放射性元素的研究，从而诞生出治疗癌症的有效方法——化疗。

94 紫罗兰花的意外花语

酸碱试纸的发明

每一种花都有其特定的花语，如玫瑰代表爱情，百合象征纯洁，而紫罗兰，则寓意永恒的美与爱。

对英国化学家波义耳来说，紫罗兰就如同他的女友，是他心目中永远的爱恋。

波义耳为何会如此迷恋紫罗兰呢？因为这是他女友生前最爱的花。

他还记得第一次与女友相见时的情景，那时他要去拜访一位好友，结果在路上碰到一个手捧紫罗兰花、穿着紫色长裙的女孩，女孩笑靥如花，而波义耳的心也跟着醉了。

待见到好友后，波义耳惊奇地发现捧花的女孩也出现了。

原来，那女孩也是好友的朋友，紫罗兰花则是对好友的问候。

缘分如此妙不可言，波义耳对女孩进行了不懈地追求。

几番约会之后，波义耳将女孩变成了自己的女朋友。

后来，波义耳忙于研究课题，在实验室的时间多了，陪在女友身边的时间却少了，女友不断给他写信，要他抽空来看自己，可是波义耳舍不得放下研究，屡次推托，让女友非常失望。

有一天，女友没也再写信过来，随后几天，女友也没有音讯。

波义耳以为女友生气了，就给女友写了一封信，向对方表达了自己诚挚的歉意。

又是几天过去了，终于有了回信，波以耳兴奋地将信打开，看到的却是一个噩耗。

早在两周前，女友因为车祸，已经香消玉殒了。

波义耳手一抖，白色的信笺缓缓地坠落在地，他的心仿佛也摔在了地上，碎成几瓣。

从此以后，波义耳都会在自己的实验室里插上一束紫罗兰，他觉得这样，女友就仿佛在自己身边，他才会觉得安心。

几年之后，在一个闷热而繁忙的下午，波义耳陷在紧张的实验中不能自拔，当他甩动滴管时，不慎将极具腐蚀性的浓盐酸溅到了紫罗兰的花瓣上。

“糟糕！”波义耳大叫一声，急忙去救花。

此时紫罗兰已经冒起了白色的烟，并发出“嗞嗞”的响声。

波义耳快速将紫罗兰受损的花瓣在水里冲了一下，然后重新插到花瓶里。

然后，他小心地观察着紫罗兰的变化。

只见紫罗兰深紫色的花瓣竟然慢慢变淡，最后变成了红色！

波义耳觉得很奇怪，猜测可能是花瓣中的组织与酸液产生了化学反应。

由此，他开始研究起花草与酸碱的作用，并发现很多植物遇到酸或遇到碱时都会发生颜色上的改变。

最后，他发现从石蕊中提取的紫色浸液反应最明显，并由此发明了石蕊试纸。这种纸具有检测酸碱度的优良效果，为如今的实验室中所广泛应用。

在检测酸碱值时，使用石蕊试纸是最古老的方法之一。

这种试纸有两种颜色——红色和蓝色，红试纸遇碱变蓝，蓝试纸遇酸变红。这两种试纸都是由石蕊溶液浸渍滤纸后晾干而成的，不同的是，蓝色试纸是石蕊试纸的本来颜色，而红色试纸则因加入了少许盐酸而呈现红色。

其实用石蕊试纸检测酸碱度并不十分准确，因为pH高于八点三时，试纸才会变蓝，而pH低于四点五时，试纸才会变红。众所周知，pH为七时酸碱度才是中性，所以当石蕊试纸检测偏中性的溶液时，就很容易出现失误。

小知识

什么是pH？

在一份溶液中，氢离子的总数与物质总量的比值被称为氢离子浓度指数，概括地讲，就是pH，它表示溶液的酸度或碱度达到了一个怎样的数值。

目前pH分为十四个级，当其小于七时，溶液呈酸性；当其大于七时，溶液呈碱性。

95 条条大路通罗马

侯氏制碱法

主角档案

姓名：侯德榜。

籍贯：中国福建。

星座：狮子座。

学位：美国麻省理工学院学士、哥伦比亚大学博士。

成就：不畏学术封锁，在小气的西方化学家死守着索尔维制碱法的时候，他双目一闭，从牙缝中挤出轻蔑的声音："我们自己有办法！"于是，"侯氏制碱法"问世。

侯德榜

侯德榜是一个特别有进取心的化学家，从小到大，他的学习成绩一直都是名列前茅，属于天下父母都喜欢的孩子类型。

更加难能可贵的是，无论他遭遇到什么挫折，他始终能刻苦学习，让自己学识丰富，并取得优良成绩。

小时候，他一边耕地一边读书，成绩优秀。长大后，他在姑妈的资助下求学，期间罢课参加抗议帝国主义的游行，仍旧是第一名，不得不让人感叹：有些人，天生就是读书的料啊！

后来，侯德榜带着傲人的成绩进入清华，三年后又被保送至麻省理工学院，这一连串的成绩可谓羡煞旁人。

不过在积贫积弱的年代，中国人容易受到外国人的歧视，骄傲如侯德榜，他敏感地察觉出中国人的艰难处境，因此总想着为国人争一口气。

恰巧，一位受实业家委托来纽约考察人才的专家找到了侯德榜，向他讲述了国内技术紧缺的困境。

侯德榜点头道："我刚博士毕业，应该能帮上忙，但不知该从哪个方向入手。"

专家想了一下，告诉他："现在中国缺碱，可是制碱的技术掌握在外国人手里，根本不让我们找到配方。"

侯德榜顿时一拍桌子，大声说："太不像话了！我一定会研究出制碱法，让外国人瞧瞧中国人的本事！"

于是，他放弃了在美国的高薪工作和优渥的生活，立即回到中国，开始自创制碱方法。

据说侯德榜在工作室里没日没夜地实验，经常是累到一身臭汗，衣服上也总是散发着一股难闻的氨味，可是他依旧发扬学生时期的精神，在工作时仍吃苦耐劳、精益求精，连外国技师都深感钦佩。

当时，中国不仅缺乏技术，连做实验需要的工具也十分简陋。

有一次，用于脱水的干燥锅上凝结了一大块黑色的污垢，怎么都除不掉，侯德榜只能拿着铁杵去铲，总算使实验恢复了运行。

就这样，侯德榜与其他化学家们不断改进工具和技术，在历经几年的艰苦努力后，中国制造的第一锅纯碱终于出炉。

然而，大家惊讶地发现，白色的纯碱到了众人面前，居然是暗红色的！

有些人开始沮丧起来，喃喃地说些丧气话，可是侯德榜依旧保持着狮子座的自信，他仔细检查了实验过程，发现纯碱变红是由于受到了铁锈的污染。

当弄清原因后，他用硫化钠与铁反应，生成了性质稳定的硫化铁，这样，纯碱终于恢复了原本的白色，中国也第一次有了自己的制碱法。

为了感谢侯德榜，中国人将他的制碱法命名为"侯氏制碱法"，一九二四年，中国的永利碱厂成立，两年后，该厂生产的红三角牌纯碱在美国的万国博览会上一举拿下了金质奖章。

侯氏制碱法的化学原理是什么呢？且看制碱步骤：

1. 侯德榜先在饱和的食盐水中通入氨气，制成饱和的氨盐水。

2. 在氨盐水中通入二氧化碳，因为盐水中有氯化钠，所以溶液中有了大量的钠离子、氯离子、铵根离子和碳酸氢根离子，便形成了包括碳酸氢钠在内的化合物。

3. 利用碳酸氢钠溶解度最小的性质，将其从溶液中析出。

4. 将碳酸氢钠分解，就制成了碳酸钠，也就是纯碱。

96 愿得一人心，白首不分离

法拉第的幸福婚姻

主角档案

迈克尔·法拉第

姓名：迈克尔·法拉第。

国籍：英国。

星座：处女座。

头衔：物理学家、化学家。

恩师：戴维。

成就：发现苯、提出电磁感应学说、磁场力线假说、发现电解定律。

人生得意事：

1. 只读过两年小学，却依然自学成为一个有知识有文化的人。

2. 听了著名化学家戴维的一场演讲，回去给对方写了一封自荐信，表示要为科学事业死而后已，成功感动了戴维，成为后者的助手和学生。

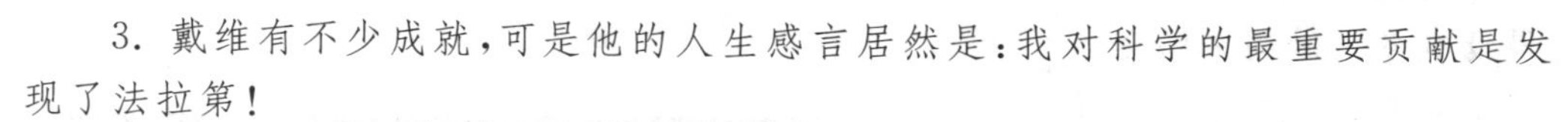

3. 戴维有不少成就，可是他的人生感言居然是：我对科学的最重要贡献是发现了法拉第！

4. 一八三七年他发现了电场和磁场，用事实击碎了牛顿的“超距作用”理论。

5. 受英国王室青睐，获赠一套豪宅，取名为“法拉第之屋”，而且免去所有的开销与维修费，不用担心温饱问题，专心致志地研究。

不过，要说到法拉第最得意的事情，莫过于娶了一个好妻子——撒拉·伯纳尔。

都说科学家是闷骚型的人，法拉第尤其如此。

二十八岁那年，他认识了好友伯纳尔的妹妹撒拉，立刻不能自拔陷入情网，每个星期天都准时去伯纳尔家吃晚饭，吃完了自然要歇一会儿，喝喝茶聊聊科学和人生，有时还特地唱歌，可惜表情却是十分僵硬。

待时钟“当、当、当……”敲过十下，法拉第马上站起身与好友告辞，目光却偷偷瞥向撒拉。

可惜后者正在聚精会神地做着针线活，没有注意到法拉第那炽热的眼神。

结果每个周日的晚间，当法拉第徘徊在幽暗的街道上时，他都在心底默默地叹气。

以他这种闷葫芦的性格，终身大事大概要遥遥无期了。

幸好好友伯纳尔是个非常敏感的人，他在一次读书会上敏锐地察觉出法拉第的心思。

当天，法拉第按捺不住相思之苦，终于借一首情诗一吐对撒拉的倾慕之情，伯纳尔听到这首诗后一脸坏笑地对妹妹说："那小子在对你表白呢！"

撒拉这姑娘是个直肠子，她不会玩矜持那一套，就直接去找法拉第询问，谁知后者竟羞涩地逃之夭夭，气得撒拉在后面喊："你还是不是个男人啊！"

不过撒拉耳聪目明，她知道法拉第是个值得托付终身的好男人，遂动了春心，决定跟法拉第喜结连理。

跟科学家结婚，要有过硬的情商。

撒拉决定无条件支持丈夫的工作，时常赞美丈夫的工作成果，并且努力将家务做到极致，省去丈夫的后顾之忧。

总而言之，撒拉的目标和如今世人对女性的要求很相似：上得厅堂，下得厨房，温柔贤惠，知书识礼，真是有妻如此，夫复何求啊！

于是，法拉第还真就一门心思投入到工作上，他每天去英国皇家学院做实验、教穷人化学，闲暇时间要参加读书会、合唱团，还要骑车郊游、爬山、教妹妹写字，忙得没有多少时间来陪妻子。

对此，撒拉的态度是：你做你的，你那些科学知识、生活乐趣我不明了，我也没兴趣参与，我就做好一个家庭主妇的职责，管好你的胃就行了！

在实验室里工作的法拉第

可能有些人不理解，觉得这叫没有共同语言，可是接下来的事情却足以证明撒拉是个当之无愧的好妻子。

在法拉第发表了第一篇磁场力线的论文后，他被质疑抄袭了欧勒斯顿教授的研究成果。

面对着风言风语，法拉第觉得自己要崩溃了，他甚至想放弃科学研究。

这时，撒拉却鼓励丈夫道："亲爱的，单纯是人类最大的优点，因害怕受伤而对人设防则是可耻的，那样的话，你就不是你自己了。"

法拉第深受感动，在妻子身上，他学会了坚强，于是重新鼓足勇气，继续发表自己的研究论文。

两个月后，他获得了成功，而曾经不肯为他洗刷冤屈的欧勒斯顿教授也大力赞扬法拉第是个天才，一切都重新往好的方向发展。

正是撒拉的肯定，让法拉第一直在科学的道路上坚实地走着。

在他们婚后的四十六年里，尽管遭遇过贫穷和疾病的挫折，尽管撒拉没能给法拉第带来一儿半女，法拉第也依旧爱着自己的妻子。

他在晚年的最后一次演讲中，动情地对妻子说："她是我一生中的初恋，也是最后的爱恋……有了她，我的一生就没有了遗憾……我希望神能答应我，在我走后能够照顾好她，这是我最后的心愿……"

法拉第在化学上除了发现苯之外，最为突出的贡献是总结出了电解定律。

该定律是：电解释放出来的物质总量和通过的电流总量成正比，简单地说，就是放出了多少电，就有多少物质被电解。

这条定律在物理学和化学之间架起了一座沟通的桥梁，因为电解反应既有化学反应，也有物理反应。正如一种物质，它所表现出来的性质既有化学性质，也有物理性质一样，不同的学科之间总有能融会贯通的地方，这便是如今的综合学科。

小知识

物理性质和化学性质的区别

物理性质：不需要发生化学变化就能表现出来的性质，如：颜色、外形、气味、熔点、沸点、密度、导电性、延展性、挥发性等。

化学性质：在化学变化中表现出来的性质，如：可燃性、稳定性、酸碱性、氧化性、还原性、腐蚀性等。

97 八年宿敌泯恩仇

定比定律的争议

主角档案

克劳德·贝托莱

姓名:克劳德·贝托莱。

籍贯:法国。

星座:射手座。

学历:都灵大学医学博士。

成就:证实氯可用来漂白,发现了氯酸钾、提出"化学亲和力"的新假说。

得意事:

◎去埃及出差时结识了拿破仑,教拿破仑化学,拿破仑让他当上了议员和伯爵。

◎后来,他又参与了推翻拿破仑的政治活动,结果再次官运亨通,被封为贵族。

遗憾事:

◎他反对普鲁斯特的定比定律,足足与对方争论了八年,结果被证实自己是错的,此外,这场旷日持久的争议还让普鲁斯特因此出了名。

◎他以为热是一种流体,却不知这仅是一种物理现象。

从档案中可知,贝托莱,这个在近代化学界颇有知名度的科学家,其实挺有心机。他的权力欲很旺盛,总是要求自己在事业上有过人之处,而他的确很有权威。他和拉瓦锡是亲密搭档,两人一道制订了化学命名法,可谓化学界的元老。

可是,当荣誉和赞扬接连不断地向他涌过来时,贝托莱越发膨胀起来。这种毫不收敛的态度促使他的性格走向了一种极端:一看到有人出了什么成果,就恨不得立刻上前踩两脚,誓将对方置之死地而后快。

可惜法国一个名叫J·L·普鲁斯特的药剂师却是个愣头青,他觉得自己有实验有证据,得出的结论肯定错不了。

他得出的是一个什么结论呢?

原来,普鲁斯特认为,这世界上的化合物,均是按一定比例化合而来,比如氯化铜,全世界就只有一种结构的氯化铜,不会再有第二种不一样的氯化铜了。

结果这项分析被贝托莱得知,他立即开始搜罗证据,以反驳普鲁斯特的研究成果。

普鲁斯特不相信自己的说法是错误的,在差不多六年的时间里,他发表了大量的论文来维护自己的观点。

贝托莱非常生气，他没想到普鲁斯特这么倔强，于是他也做了很多实验，声称几种物质反应之后，确实可以生成不同的结构。

可是普鲁斯特却毫不留情地说，你生成的那些物质不是化合物，是混合物，根本不能一概而论！

贝托莱更恼怒了，足足和普鲁斯特论战了八年，最终被其他化学家以铁一般的事实证明：贝托莱的观点确实有错。

这下贝托莱灰头土脸地没话说了，而普鲁斯特却没有跟这位宿敌计较，他还写信给贝托莱，谦虚地称如果没有贝托莱这位对手，就没有今日的自己。就在贝托莱觉得无地自容时，人们不禁有了疑问：是什么动力促使他为了一个错误的观点而叫嚷了八年呢？这源于一篇名为《化学亲和力之定律》的论文。

当年，就在普鲁斯特发表了定比定律的同一时刻，贝托莱在上述论文中提出了一个与定比定律截然相反的观点，那就是：两种物质若彼此间存在亲和力，就能以一切比例进行化合。

很明显，如果承认普鲁斯特的结论，贝托莱就要打自己耳光了。

为了维护自己的权威，贝托莱不惜花费了大量时间去打击普鲁斯特，没想到最终不仅让对方出了名，还让自己输得一败涂地，真可谓是搬起石头砸自己的脚。

所谓定比定律，即是每一种化合物，它的组成元素的质量总是有一定的比例关系。

不过，随着科技的发展，到二十世纪，科学家发现定比定律也存在例外的情况，比如一些化合物的组成质量会在小范围内发生浮动，这说明贝托莱当年的观点也不是完全没有道理。

为了赞扬贝托莱敢于雄辩的精神，科学家就将这种组成可变的化合物命名为“贝托莱体”。

小知识

贝托莱的“化学亲和力”观点

与贝托莱同时期的化学家伯格曼曾提出化学反应亲和力的假说，他认为，只要两种物质之间有强烈的亲和力，就能排除万难进行化合。

贝托莱反驳这种观点，他提出，即便物质 A 与物质 B 之间有着强烈的吸引，如果物质 C 的量足够大，A 也有可能先与 C 发生反应。

如今看来，贝托莱的这个观点在人际关系上也同样适用。

98 到处索要眼泪的麻烦鬼

弗莱明和青霉素

主角档案

亚历山大·弗莱明

姓名：亚历山大·弗莱明。

国籍：英国。

星座：狮子座。

头衔：生物化学家。

职位：英国最有名望的科学学术机构——皇家学会的院士。

成就：发现青霉素。

幸运事：

1. 二十岁时，他一个终生未婚的舅舅去世，留给他一份遗产，助他考入了医学院。

2. 四十岁时，他得了重感冒，取了一点自己的鼻涕做研究，由此发现了青霉素。

3. 发现青霉素后，弗莱明只发表了两篇论文，然后就将提取青霉素的事推给了其他人。谁都不相信青霉素能产生多大的作用，但随后第二次世界大战爆发，青霉素一跃成为人们心中的圣药，弗莱明也因此成名。

弗莱明因一次感冒就成了青霉素之父，可谓是幸运非凡，后来青霉素被广泛应用于战场，拯救了成千上万名士兵的生命，弗莱明也因此成了救世主，被无数人顶礼膜拜。

但在当初的实验过程中，他可不是什么英雄，而是一个实实在在的麻烦鬼，以至于大家看了他唯恐避之不及。

这是怎么回事呢？

此事还要从弗莱明感冒之初说起。

在寒冷的十一月，他一把鼻涕一把泪地在实验室培养一种新型的黄色球菌，结果总是忙着擦鼻子，没办法安心工作。

弗莱明有点生气，心想，我倒要看看，这感冒是什么病菌引起的，有没有一种药物能够有效治疗它！

于是，他开玩笑地取出了自己的一点鼻黏液放在培养皿上，然后就将培养皿束之高阁，转身去做别的事情了。

两个星期过去了，弗莱明才想起那个沾有自己鼻涕的培养皿，他将培养皿取出来一看，不禁大吃一惊。

在那个不大的培养皿上，几乎长满了黄色球菌，可是滴有鼻涕的地方却依旧和两周前一样，一点细菌也没有生成。

弗莱明激动不已，他猜测鼻涕中含有抗菌的成分。

随后，他和自己的助手一起研究，发现除了汗水和尿液，几乎人体所有的体液和分泌物中都含有这种抗生素。

他认为这种抗生素是一种酶，便称其为“溶菌酶”，为了深入研究，他到处向同事讨要眼泪。

为何要眼泪呢？

还不是因为眼泪最容易获得，而且获取方式也比较体面。

可是同事们实在吃不消弗莱明这股锲而不舍的讨要精神，毕竟大家都是男的，男儿有泪不轻弹，哪能说哭就哭啊！

于是，大家就劝弗莱明：“别闹了，我们实在哭不出来，你还是去找别人帮忙吧！”

弗莱明却不听，他的理由还挺充分：大家都在实验室里，他取得眼泪后就能马上做实验，这样眼泪不容易受到污染，就能保证实验结果的准确性。

所有人都对他很无语，干脆就绕着他走，若撞见了他，可能就真的要哭了。

此事不知怎的，被一家报社知道了，结果八卦的编辑将弗莱明要眼泪的事迹画成了漫画，登在报纸上。

这下，弗莱明还未获得诺贝尔奖就已经成名人了，他那如精神病患者般的举动从此存在人们深深的脑海里。

虽然溶菌酶被证明对一般的病菌不能产生有效作用，但弗莱明并没有放弃研究。

七年后，他终于在一瓶葡萄球菌的培养皿中发现了青霉素，帮助人类找到一种具有强大杀菌功效的药物，他也因此获得了一九四五年的诺贝尔医学奖。

青霉素，又叫盘尼西林，是科学家从青霉菌的培养液中提取出含有青霉烷、能破坏细菌细胞壁的抗生素。

青霉素的作用有很多，它能治疗各种炎症，如肺炎、脑膜炎、肺结核、白喉、心内膜炎等。

不过虽然青霉素毒性很小，但有些患者会出现过敏症状，所以需经测试后再进行使用。

小知识

人类历史上最早出现的青霉素

其实青霉素的作用早在古代就已被人发现，在中国唐朝，长安城里的裁缝师发现，当他们的手指被剪刀划破时，将长有绿毛的糨糊涂在伤口处就能帮助愈合，这也许是最早的青霉素了。

99 女孩需富养

成功发现分子结构的霍奇金

主角档案

姓名：多罗西·克劳福特·霍奇金

国籍：英国。

星座：金牛座。

成就：用X光线分析出分子结构，进而研制出青霉素。

荣誉：获得一九六六年诺贝尔化学奖。

幸福往事：

1. 在她出生的头四年，作为英国殖民者，在埃及享尽了特权。

多罗西·克劳福特·霍奇金

2. 一九二八年，她考入牛津大学化学系，她的好友诺拉略有妒意地写信祝贺她，事实上，诺拉的化学成绩比霍奇金好，但前者只上了一所学习女红的家政学院。

3. 进入大学后，霍奇金的父亲在非洲挖出一座古教堂遗址，并让女儿负责一部分玻璃镶嵌物的录入工作，霍奇金非常感兴趣，并超额完成任务。

4. 父亲有不少好友，将霍奇金引入化学的大门，而其中的一位朋友约瑟夫将霍奇金介绍给剑桥大学的贝尔纳教授，促使霍奇金研究起X光线，并最终让她在这一领域取得了成功。

都说女孩要富养，其实，这个“富”不仅指代物质，也指的是精神。

英国女化学家霍奇金便有幸成长于一个富养的家庭，这从她学生时代发生的一些事情中就能看出来。

一个星期天，霍奇金要去教堂做礼拜，所以她穿上了自己最漂亮的一件衣服。

从教堂出来后，本来再过一会儿就可以去吃午饭，但好学的她决定抓紧时间做一个实验。

于是她回到了实验室，结果不慎将一滴浓硝酸滴在了崭新裙子的下摆上。

见裙子上冒起了白烟，霍奇金手忙脚乱地又滴了一滴氨水在裙摆上，结果，裙子上的黄斑变成了褐斑。

霍奇金心疼自己的衣服，放声大哭起来，可是她母亲并没有责怪女儿，反而劝慰道："没有关系，我用宽花边遮一下就看不见了！"

正是由于母亲的慈爱和开明，霍奇金才形成了谦逊好学的态度和落落大方的性格，这使得她有一次在流鼻血之后，竟然忘记了恐惧，而将自己的鼻血收集起来以备化学实验之用。

在霍奇金生活的那个年代，女孩子被普遍打造成以贤妻良母为最高人生目标、不能显露出任何一丝智慧的弱势群体，然而，霍奇金很幸运，因为她的父母从来不会说"女子无才便是德"，也从不认为社会主流思想就一定是正确的。

夫妻二人教导女儿往科学的道路上不断前进，而父亲的好友也在不停地督促霍奇金，让这个勤奋的少女意识到，追逐自己的梦想比活在别人眼光里要幸福得多。

一九二七年，霍奇金想报考牛津大学，却惊讶地被告知必须通过拉丁文和自然科学考试，而这两门课她从未学过。

最后还是她母亲坚定地说："不怕，我来教你植物学，你一定能通过考试！"

有了母亲的支持，霍奇金恢复了信心，她用了一年的时间恶补各门学科，还努力让基础薄弱的数学有了快速的提升，终于在第二年，她如愿成了牛津大学的学生。

此后，霍奇金发扬她勤奋好学的精神，继续从事化学研究，终于用X光线发现了分子的结构，并因此成为历史上为数不多的女性诺贝尔奖得主之一。

不得不说，正是因为受到良好家庭教育的熏陶，才有了霍奇金这样一位努力乐观的知识女性。

霍奇金虽然是女性，却在工作中展现出难能可贵的专注精神，她从一九四二年起，花了七年的时间研究青霉素的结构，最后透过X光线如愿以偿。

随后，她又研究出维生素B_{12}和胰岛素的结构，并因在维生素B_{12}方面的突出贡献，成了第三位在化学领域获得诺贝尔奖的女性。

多亏了霍奇金的发现，青霉素才得以大规模生产，而霍奇金的另一个伟大贡献

霍奇金所获得的勋章

则在于促进了生命科学的发展。

由于她发现了分子结构，使得人类的基因体研究有了快速的发展，科学家可以将触角探及染色体的主要化学成分——DNA，并最终发现了DNA的螺旋体结构。

小知识

二十世纪获得诺贝尔化学奖的三位女性

1. 玛丽·居里：一九〇三年因提炼出镭而获奖，一九一一年因发现钋而得奖。

2. 伊伦·约里奥·居里：玛丽·居里之女，一九三五年因发现人工放射性物质而获奖。

3. 多罗西·克劳福特·霍奇金：一九六六年因发现分子结构而获奖。

100 天才也得为自己造势

批判老师的罗蒙诺索夫

主角档案

姓名：米哈伊尔·瓦西里耶维奇·罗蒙诺索夫。

国籍：俄国。

星座：天蝎座。

成就：最早用天平来测量化学反应重量关系，提出质量守恒定律，创办莫斯科大学。

称号：俄国科学史上的彼得大帝。

天蝎男腹黑史：

1. 十九岁那年，他冒充贵族子弟考入一所拉丁学校。

2. 二十四岁那年，他被保送到德国学习，并拜在著名化学家克利斯蒂安·沃尔夫门下，但他一心想要揪出沃尔夫知识上的漏洞。

3. 他还钻研其他化学家的假说，意图发现错误，终于推翻了施塔尔提出的“燃素”学说。

米哈伊尔·瓦西里耶维奇·罗蒙诺索夫

所谓天蝎男，就是外表阴狠，内心藏着如火热情的男人。

虽然罗蒙诺索夫总想着证明其他化学家是错的，以树立自己的权威，他在闲暇时候也没忘写写诗、画幅画，当一个情趣十足的科学家。

当然，充满野心的天蝎男最看重的，仍然是如何获得名望和地位。

可是，如果先天条件不够怎么办？

别着急，罗蒙诺索夫自有办法！

罗蒙诺索夫是一个渔民之子，家境还算富裕，但到了该上大学的年龄，却进不了只收贵族子弟的斯拉夫——希腊一所拉丁学院。

这时候，胆大心细腹黑的他没有犹豫，立刻谎称自己出身名门，将校长唬得一愣一愣的，然后顺利入学。

不过要说罗蒙诺索夫的头脑，可真是非比寻常，他虽会耍小花招，但天资聪颖，成绩一直名列前茅，毕业后还成为该校仅有的三名保送生之一去德国学习。

他的德国恩师沃尔夫因发明了从工业废渣中回收纯铁的方法，而享誉欧洲，罗蒙诺索夫很羡慕，心中还有那么一点渴望。

他渴望自己也能迅速达到老师那样的成就。

可是综观那些知名的化学家，哪个不是做了多年研究才出了一点重要的成果，然后才为人们所熟悉的？他罗蒙诺索夫，一个初出茅庐的年轻人，还在读书就想发表什么著名理论，简直是痴心妄想啊！

罗蒙诺索夫又动起了“歪脑筋”。

条条大道通罗马，正规方法不行，可以走快捷方式。

不久后，一本颇有权威的学术杂志《德国科学》上，刊登了罗蒙诺索夫的一篇化学论文，在文中，罗蒙诺索夫极尽尖酸刻薄之能事，批判沃尔夫行为保守，以至于在教学中发生了一些错误，真是个“保守的老学究”！这篇文章一经发表，人们都震惊异常。

这不仅因为沃尔夫是罗蒙诺索夫的老师，更因为后者在言语中充满了不敬，缺乏作为一个学生应有的谦虚态度。

有些人甚至义愤填膺地给沃尔夫写信，表示要替他狠狠地收拾一下那个不知天高地厚的罗蒙诺索夫，没想到沃尔夫只是宽厚地一笑，说：“你们不必太在意，我并不生气。”

由于批评的人实在太多，罗蒙诺索夫果然出了名，有一部分学生还把他当成偶像，效仿他去跟老师叫板，一时间，校园里的学术争辩多了起来。

沃尔夫教授眼看气氛不对，连忙出来澄清事实。

他在一次演讲中，公开声明：“罗蒙诺索夫的那篇论文是我给举荐发表的，我钦佩那些勇敢于向权威挑战的人！”

这时大家才明白，说到底，都是沃尔夫大度，一切尽在他的掌握之中。

其实不然，还是罗蒙诺索夫棋高一着。

他没有抢着投稿，而是把文章给了他要指责的人看，若对方不在意，那他就可以放心发表，完全不用计较后果；而若对方不满意，论文不仅没有发表的余地，甚至可能以后还要吃不完兜着走，这时他就要考虑其他对策了。不管怎样，此事只有他和沃尔夫两个人知道，危险系数是最小的。

利用老师为自己造势，方法确实巧妙，不过光有名气也是不够的，就如同流星，只能划过天际。

好在罗蒙诺索夫是一位博学多才的科学家，他在化学、物理、天文、哲学、航海、

矿物等很多领域都颇有建树，只可惜他太过于敬业，在五十四岁就英年早逝了。

他在化学方面的贡献主要有：

1. 提出质量守恒定律，还给彼得堡的院士写信阐述这一理论。

2. 创办了俄国第一个设备精良的化学实验室。

3. 最先将定量法用作化学分析。

4. 起草了关于物理化学的教学大纲，并创办了莫斯科大学。

5. 证明没有“燃素”这种物质，金属在化合过程中重量增加是由于与空气中的微粒产生了反应。

小知识

什么是质量守恒定律?

这个定律和热力学上的能量守恒定律相近，指在一个孤立系统中，物质的总质量不会发生增加，也不会减少。简单地说，就是物质既不会消失，也不会产生，只是从一种形态转换成另一种形态。

如果将整个宇宙看成是一个封闭的系统，则在宇宙中的质量，永远都是恒定的。